El Camino Evolutivo De La Tecnología Automotriz

Etienne Psaila

El Camino Evolutivo De La Tecnología Automotriz

Primera Edición: **Abril 2024**

Este libro es parte de una serie y cada volumen de la serie está elaborado con respeto por las marcas de automóviles y motocicletas discutidas, utilizando nombres de marcas y materiales relacionados bajo los principios de uso justo con fines educativos. El objetivo es celebrar e informar, proporcionando a los lectores una apreciación más profunda de las maravillas de la ingeniería y la importancia histórica de estas marcas icónicas.

Sitio web: **www.etiennepsaila.com**
Contacto: **etipsaila@gmail.com**

Tabla de contenidos

Tabla de contenidos

Capítulo 1: El origen del automóvil

Los albores del transporte personal

La historia del automóvil no comienza con un solo inventor, sino a través del ingenio colectivo de muchos, repartidos por varios continentes. Antes de la aparición del automóvil tal y como lo conocemos, el transporte personal estaba dominado por carruajes tirados por caballos y músculo humano. A finales del siglo XIX se produjo una revolución que cambiaría fundamentalmente la sociedad: el desarrollo de los vehículos autopropulsados.

En los pueblos y ciudades, las calles estaban bulliciosas con el ruido de los caballos y el traqueteo de los carruajes. Si bien este modo de transporte era confiable, también era lento, laborioso y limitado en alcance y velocidad. Además, el mantenimiento de los caballos y el espacio que requerían planteaba importantes retos logísticos, especialmente en entornos urbanos.

El cambio comenzó sutilmente, con varios ingenieros e inventores de toda Europa y América trabajando en pequeños talleres, impulsados por el sueño de crear un vehículo que pudiera moverse sin caballos. Los primeros intentos exitosos de construir un vehículo autopropulsado utilizaron máquinas de vapor, una tecnología ya probada en los ámbitos del transporte ferroviario y marítimo. Sin embargo, estos vehículos a vapor eran engorrosos y no se adaptaban bien a las calles estrechas y sinuosas de las bulliciosas ciudades.

El verdadero avance llegó con el desarrollo del motor de combustión interna, que era más compacto, más eficiente y más adecuado para el transporte personal. En Alemania, inventores como Karl Benz y Gottlieb Daimler tomaron la iniciativa, creando vehículos prácticos y móviles. El Motorwagen de 1885 de Karl Benz, a menudo acreditado como el primer automóvil verdadero, era un vehículo de tres ruedas impulsado por un motor de gasolina de un solo cilindro. Esta invención sentó las bases de los principios de ingeniería que impulsarían los desarrollos futuros.

Mientras tanto, en Francia, ingenieros como Armand Peugeot comenzaron a experimentar con sus diseños, incorporando motores de combustión interna en los carruajes, transformándolos efectivamente en vehículos de motor. Estos primeros automóviles eran artículos de lujo, muy fuera del alcance de la persona promedio, pero marcaron el comienzo de una nueva era en el transporte.

A medida que estos vehículos se volvieron más confiables y los procesos de fabricación más refinados, el concepto de movilidad personal comenzó a cambiar. El automóvil ofrecía una sensación de libertad e independencia sin precedentes, lo que permitía a las personas viajar más lejos y más rápido que nunca. Esta nueva forma de transporte comenzó a afectar todo, desde los desplazamientos diarios hasta los viajes de placer, alterando los paisajes físicos y culturales de las sociedades.

El impacto del automóvil fue tan significativo que estimuló rápidos desarrollos en otras áreas, como la mejora de las carreteras y la creación de nuevas leyes para regular el tráfico de vehículos. Las gasolineras comenzaron a aparecer y los negocios que atendían a la nueva ola de automovilistas comenzaron a prosperar. La industria automotriz se convirtió rápidamente en un motor clave del crecimiento económico, proporcionando puestos de trabajo en los sectores de fabricación, ventas y servicios.

Así, de las bulliciosas calles de las ciudades del siglo XIX surgió una revolución que no solo redefiniría el paisaje, sino también el tejido mismo de la sociedad moderna. Los albores del transporte personal abrieron horizontes que antes parecían inalcanzables, preparando el escenario para los profundos cambios que traería el siglo XX.

Primeras innovaciones y pioneros

El concepto de un vehículo propulsado por su propio motor tiene sus orígenes en el ingenio de finales del siglo XVIII. Fue durante esta época cuando se sentaron las bases de lo que llegaríamos a conocer como el automóvil. Entre los primeros pioneros, se destaca Nicolas-Joseph Cugnot. En Francia, alrededor de 1769, Cugnot construyó lo que se considera el primer vehículo mecánico autopropulsado a gran escala. Su creación, un triciclo a vapor, fue diseñado originalmente para transportar artillería, lo que ilustra el enfoque utilitario de la tecnología automotriz temprana. Este triciclo a vapor era una máquina engorrosa, pero marcó un hito importante en el camino hacia los vehículos modernos.

A medida que avanzaba el siglo XIX, los avances tecnológicos permitieron a los ingenieros explorar más allá del vapor, experimentando con la combustión y los sistemas eléctricos para propulsar vehículos. Estos esfuerzos se dispersaron por todos los continentes, reflejando una curiosidad global y una ambición mecánica que pronto convergerían para transformar el transporte.

Sin embargo, los verdaderos desarrollos transformadores ocurrieron décadas más tarde y a un continente de distancia. En Alemania, durante la década de 1880, Karl Benz y Gottlieb Daimler, trabajando de forma independiente pero persiguiendo objetivos similares, sentaron las bases del futuro del automóvil. Karl Benz, en 1885, dio a conocer el Motorwagen, a menudo celebrado como el primer automóvil verdadero. Este vehículo estaba propulsado por un motor de combustión interna de su propio diseño, un motor monocilíndrico de cuatro tiempos que no solo impulsó al Motorwagen, sino que también impulsó a la sociedad hacia una nueva era de movilidad.

Gottlieb Daimler, junto con su socio de toda la vida Wilhelm Maybach, también estaba haciendo avances significativos. Se centraron en el desarrollo de motores ligeros y compactos que fueran adecuados para el transporte. Las innovaciones de Daimler y Maybach condujeron a la creación de motores que eran más adaptables y prácticos para su uso en vehículos, diferenciando su enfoque de los motores más grandes y menos eficientes utilizados en los primeros automóviles.

El espíritu de colaboración y competitividad entre estos pioneros fue indicativo de un movimiento más amplio en la tecnología industrial. Mientras que Benz se centró en la aplicación práctica de sus inventos, creando vehículos que fueran accesibles y utilizables, Daimler y Maybach ampliaron los límites del rendimiento y la eficiencia del motor. Sus contribuciones fueron fundamentales para que el automóvil superara su estatus de novedad y se convirtiera en un producto comercial viable.

Este período de intensa innovación sentó las bases de la industria automovilística. Los esfuerzos de estos primeros innovadores no se limitaron a crear nuevas máquinas; Se trataba de desafiar el statu quo y reimaginar cómo las personas interactuaban con la distancia y el tiempo. A través de sus inventos, se preparó el escenario para que el automóvil pasara de ser un invento curioso a una figura central en el panorama industrial moderno, cambiando fundamentalmente la forma en que las sociedades funcionaban e interactuaban.

La difusión de la tecnología y la adopción temprana

La difusión inicial de la tecnología automotriz y su adopción temprana marcaron una era significativa de transformación y experimentación. Durante las primeras etapas, los automóviles eran realmente novedades curiosas, maravillas de ingenio que capturaban la imaginación del público y las aspiraciones de los inventores. Sin embargo, su uso práctico se vio limitado por los altos costos y la ausencia de infraestructura adecuada, lo que los hizo en gran medida inaccesibles para el público en general.

A pesar de estas barreras, el prestigio asociado con la tecnología automotriz y sus posibles aplicaciones motivó una ola de inventores y empresarios en todo el mundo. Vieron en estos artilugios mecánicos no sólo un sustituto de los carruajes tirados por caballos, sino una forma fundamentalmente nueva de interactuar con el espacio y el tiempo. Este entusiasmo fue particularmente evidente en los Estados Unidos, donde los hermanos Charles y Frank Duryea fundaron la Duryea Motor Wagon Company en 1893. Esta empresa marcó un hito importante como la primera empresa estadounidense de fabricación de automóviles, lo que marcó el comienzo de la industria automotriz en los Estados Unidos.

Los hermanos Duryea estuvieron entre los primeros en comercializar automóviles en Estados Unidos, pasando de la etapa de prototipo a una producción más regular. Sus esfuerzos ayudaron a desmitificar el concepto de vehículos motorizados, haciéndolos más visibles y gradualmente más aceptados por el público. Los primeros modelos producidos por la Duryea Motor Wagon Company establecieron los estándares fundamentales de lo que deberían ser los automóviles estadounidenses: robustos, confiables y más adaptados al diverso paisaje estadounidense.

A medida que los automóviles se volvieron más comunes, sus impactos sociales comenzaron a desarrollarse drásticamente. La nueva capacidad de viajar largas distancias en tiempos relativamente más cortos no solo alteró la vida de las personas; Remodeló la estructura misma de las ciudades. Los cambios más profundos se observaron en el paisaje urbano: los automóviles influyeron en el desarrollo de los suburbios, permitiendo que las ciudades se extendieran más que nunca. Esta expansión suburbana fue facilitada por el automóvil, que proporcionó los medios para vivir más lejos de las áreas de trabajo urbanas centrales mientras mantenía un viaje factible.

Además, la sustitución de los carruajes tirados por caballos ayudó a aliviar algunos problemas urbanos, como la gestión de residuos relacionados con el estiércol de caballo y la congestión causada por la lentitud del tráfico de caballos. Sin embargo, estos beneficios también introdujeron nuevos desafíos. El aumento en el uso del automóvil exigió superficies de carretera más duraderas y estimuló el desarrollo de la infraestructura vial, incluida la pavimentación, la señalización y, más tarde, los sistemas de gestión del tráfico.

Estos primeros días de adopción del automóvil ilustran un período crítico de ajuste y adaptación. La sociedad estaba aprendiendo a integrar esta nueva tecnología, sopesando sus beneficios frente a sus desafíos. El impacto del automóvil en la vida cotidiana fue profundo, preparando el escenario para el siglo XX, que vería cómo el automóvil evolucionaba de un artículo de lujo para unos pocos a un aspecto fundamental de la vida cotidiana para muchos.

El cambio de paradigma hacia la producción en masa

El cambio de paradigma hacia la producción en masa en la industria automotriz, iniciado por Henry Ford a principios del siglo XX, marcó un punto de inflexión en la historia del transporte personal. La innovadora introducción de Ford de la fabricación en línea de montaje revolucionó no solo la industria automotriz, sino que también estableció nuevos estándares para la fabricación en todas las industrias. Esta transformación hizo que los automóviles fueran asequibles y los transformó de un símbolo de estatus de élite en una necesidad accesible para la familia promedio, democratizando la movilidad a una escala sin precedentes.

Antes de la innovación de Ford, los automóviles se ensamblaban manualmente, un proceso que era lento, requería mano de obra calificada y resultaba en altos costos de producción. Los coches eran artículos de lujo, asequibles sólo para los ricos. La visión de Ford era diferente; Creía en la creación de un vehículo que fuera fácil de operar, económico de mantener y, lo que es más importante, asequible de producir. El Modelo T, presentado en 1908, encarnaba esta visión. Era un vehículo robusto y sin florituras que era fácil de producir en serie.

La línea de montaje de Ford se inspiró en las líneas de desmontaje que se ven en las plantas empacadoras de carne, donde un cadáver se movía a lo largo de una cinta transportadora y los trabajadores realizaban tareas específicas de manera repetitiva. Este método fue adaptado y refinado por Ford y su equipo para adaptarse a la fabricación de automóviles. En las plantas de Ford, la introducción de la línea de montaje móvil significó que, en lugar de que los trabajadores se trasladaran al automóvil, el automóvil llegó a los trabajadores. Cada trabajador realizaba una tarea específica y, a medida que el automóvil avanzaba por la línea, se ensamblaba pieza por pieza. Este método redujo drásticamente el tiempo que se tardaba en montar un coche, lo que redujo significativamente los costes de producción.

Las implicaciones de este innovador método de producción fueron profundas. El precio del Modelo T bajó a lo largo de su período de producción, lo que lo hizo cada vez más asequible para los estadounidenses comunes. A medida que más personas pudieron comprar automóviles, hubo un efecto dominó en toda la sociedad. La accesibilidad del automóvil cambió la forma en que las personas vivían, trabajaban y viajaban, lo que contribuyó al crecimiento de las áreas suburbanas y a la movilización del público estadounidense. La gente podría vivir más lejos de sus lugares de trabajo, lo que llevaría a una expansión de la expansión urbana.

Además, la propia línea de montaje se convirtió en un modelo para la fabricación moderna. Demostró el potencial de la producción de alto volumen y bajo costo, que podría aplicarse a una variedad de productos. Esto condujo a un aumento de la productividad y a productos más asequibles, lo que hizo que diversos bienes fueran accesibles a un segmento más amplio de la población.

La democratización de la movilidad también catalizó otros cambios sociales, como el crecimiento de industrias auxiliares como el petróleo, el acero, la construcción de carreteras y el mantenimiento de automóviles, entre otras. Afectó a los patrones de empleo, y la industria automotriz se convirtió en una fuente importante de puestos de trabajo. Además, estimuló innovaciones en otras áreas, como la industria del caucho para neumáticos y la industria del vidrio para parabrisas, lo que contribuyó a un impulso general en el crecimiento industrial.

En resumen, el cambio hacia la producción en masa bajo la dirección de Henry Ford no fue solo una innovación industrial; fue un momento crucial que transformó el automóvil de un artículo de lujo a una parte esencial de la vida estadounidense. Democratizó la movilidad y sentó las bases para la motorización de la sociedad, dando forma a los paisajes económicos, sociales y culturales de manera fundamental.

Capítulo 2: El nacimiento de la cadena de montaje

Introducción: Producción en masa pionera

La introducción de la cadena de montaje por Henry Ford marcó un momento crucial en la historia de la producción industrial, que trascendió con creces su impacto inmediato en la industria del automóvil. Antes de la innovación de Ford, la fabricación se caracterizaba por artesanos hábiles que construían productos completos de principio a fin, un método que era inherentemente lento y costoso. La visión de Ford transformó radicalmente este proceso. Este capítulo explora el inicio, el desarrollo y los efectos de gran alcance de la línea de montaje de Ford, que no solo revolucionó la fabricación de automóviles, sino que también estableció nuevos puntos de referencia para la producción industrial a nivel mundial.

La línea de montaje de Ford anunció la era de la producción en masa. Optimizó la eficiencia, redujo los costos e hizo que la replicación de un solo producto no solo fuera más rápida, sino también más consistente en calidad. Las implicaciones de esta innovación fueron profundas, impactando las prácticas laborales, las estructuras económicas e incluso el panorama socioeconómico del siglo XX. Los métodos de Ford demostraron el potencial de la escala en la fabricación, alentando a otras industrias a adoptar enfoques similares, lo que contribuyó a un auge en la productividad y la democratización de productos que alguna vez se consideraron lujos.

Henry Ford y el Modelo T

La visión de Henry Ford para Estados Unidos era clara: quería producir un automóvil que fuera asequible, confiable y lo suficientemente eficiente como para estar al alcance del estadounidense promedio. Presentado en 1908, el Modelo T revolucionó la industria automotriz al encarnar estos principios. El diseño del automóvil era simple pero innovador, con un marco liviano y un motor pequeño pero potente que ofrecía una buena eficiencia de combustible y fácil manejo.

Uno de los aspectos más revolucionarios del Modelo T fue el uso de piezas intercambiables. Antes de esto, los automóviles se ensamblaban con piezas ajustadas a mano que no se podían cambiar fácilmente por otras. La intercambiabilidad fue crucial para el éxito de la línea de montaje, ya que permitió que las piezas se produjeran en masa con las mismas especificaciones y luego se ensamblaran de manera rápida y eficiente por trabajadores no calificados. Esto redujo significativamente los costos de fabricación y los tiempos de reparación, lo que hizo que el Modelo T fuera increíblemente popular. Al hacer que la propiedad de un automóvil sea accesible para un segmento más amplio de la población, el Modelo T cambió la forma en que los estadounidenses vivían, trabajaban y viajaban, incorporando el automóvil en el tejido de la cultura estadounidense.

Conceptualización de la línea de montaje

El concepto de línea de montaje que Ford perfeccionó no fue

concebido inicialmente para automóviles. La inspiración vino de una fuente poco probable: los mataderos de Chicago y las líneas de desmontaje de las fábricas de conservas, donde los productos se movían de una estación a otra para su procesamiento. Ford tomó esta idea y la invirtió: en lugar de desmontar un producto, sus trabajadores construían un producto paso a paso.

En 1913, Ford Motor Company lanzó la primera línea de montaje móvil para automóviles en su planta de Highland Park en Michigan. Esta innovación redujo drásticamente el tiempo que se tardaba en construir un coche, de más de 12 horas a aproximadamente dos horas y media, al dividir el proceso de montaje en 84 pasos discretos. Cada trabajador fue capacitado para realizar una tarea específica de manera eficiente a medida que el chasis del automóvil se movía a lo largo de una cinta transportadora. Este método no solo aceleró los tiempos de producción, sino que también disminuyó el nivel de habilidad requerido para el ensamblaje de automóviles, ampliando la mano de obra y reduciendo los costos.

La introducción de la línea de montaje móvil fue un momento decisivo en la historia de la industria, que mostró el potencial de la producción en masa. Sirvió como modelo que seguirían muchas otras industrias, lo que llevó a la adopción generalizada de técnicas de línea de montaje en todo el mundo. Este cambio tuvo implicaciones significativas para la economía, impulsando la productividad y haciendo que una variedad de bienes fuera más accesible para las masas.

El impacto en la producción y el trabajo

La implementación de la cadena de montaje por Henry Ford tuvo efectos transformadores tanto en la economía de la producción como en la propia fuerza laboral. Al dividir el ensamblaje del automóvil en tareas secuenciales y repetitivas, Ford redujo significativamente el costo de producción. Este sistema no solo hizo que cada trabajador fuera más eficiente, sino que también aumentó la escala general de fabricación, lo que permitió a Ford satisfacer la creciente demanda del Modelo T. El resultado fue una reducción drástica en el costo unitario de cada vehículo, lo que a su vez redujo el precio minorista, haciendo que los automóviles fueran asequibles para un segmento mucho más amplio del público.

Sin embargo, la naturaleza del trabajo en la línea de montaje era marcadamente diferente de las formas tradicionales de fabricación. Las tareas se volvieron muy monótonas, requiriendo menos habilidad y más repetición. Esto llevó a la insatisfacción de los trabajadores y a altas tasas de rotación. La solución de Ford fue revolucionaria: en 1914, introdujo el salario de 5 dólares al día, aproximadamente el doble del salario promedio en ese momento. Este aumento salarial no solo redujo la rotación de personal, sino que también elevó la moral de los trabajadores y aumentó drásticamente el nivel de vida de sus empleados.

Este movimiento no fue puramente altruista; También permitió que sus trabajadores se convirtieran en clientes potenciales de sus coches. La política de Ford sentó un nuevo precedente en la compensación laboral y tuvo un efecto dominó en todo el sector industrial, influyendo en las prácticas laborales en varias industrias.

Impactos sociales

La asequibilidad generalizada del Modelo T tuvo profundos impactos sociales. A medida que los automóviles se hicieron accesibles a un segmento de la población que anteriormente no podía permitirse el transporte personal, se produjo un cambio significativo en la dinámica social y el desarrollo urbano. A menudo se atribuye al Modelo T el mérito de catalizar el crecimiento de la clase media en Estados Unidos. Tener un automóvil se convirtió en sinónimo del sueño americano, simbolizando la libertad y la movilidad económica ascendente.

La disponibilidad de automóviles asequibles desempeñó un papel crucial en la configuración del paisaje urbano. Permitió la expansión de los suburbios, ya que las personas ya no estaban obligadas a vivir cerca de sus lugares de trabajo en los centros urbanos. Esta expansión suburbana fue acompañada por un nuevo sentido de movilidad personal, alterando los hábitos de viaje y fomentando una cultura profundamente entrelazada con el uso de vehículos personales. La influencia del automóvil se extendió más allá del movimiento físico; afectó el lugar donde los estadounidenses vivían, trabajaban y cómo pasaban su tiempo libre, lo que en última instancia remodeló el estilo de vida estadounidense.

Difusión global de la línea de montaje

El éxito de la línea de montaje de Ford se extendió mucho más allá de las fronteras de los Estados Unidos. Otros fabricantes de automóviles de todo el mundo se dieron cuenta rápidamente de los beneficios de este método de fabricación y pronto adoptaron y adaptaron estas técnicas. La difusión global de la línea de montaje hizo más que racionalizar la producción de automóviles a nivel internacional; también exportó la influencia económica estadounidense y las filosofías manufactureras a todo el mundo.

Los países adoptaron la línea de montaje no solo para construir automóviles, sino también para fabricar una amplia gama de productos, transformando así sus propias industrias y economías. Esta adopción desempeñó un papel fundamental en la transformación global de la fabricación, haciendo que la producción industrial fuera más eficiente y los productos más accesibles en todo el mundo. La línea de montaje se convirtió en un símbolo de la industrialización moderna, mostrando el potencial de la producción en masa en diversos sectores y catalizando una era de importante crecimiento económico y avances tecnológicos a nivel internacional.

En resumen, la introducción de la línea de montaje por Henry Ford tuvo un amplio impacto en la producción, el trabajo, la sociedad y el panorama manufacturero mundial, cambiando fundamentalmente la naturaleza del trabajo y catalizando la era de la producción en masa.

Conclusión: El legado duradero de la revolución de Ford

Al concluir este capítulo, reflexionamos sobre el profundo impacto que la introducción de la cadena de montaje por parte de Henry Ford ha tenido en el mundo industrial. Las ramificaciones de esta innovación se extendieron mucho más allá de la fabricación de automóviles, influyendo en una amplia gama de sectores y remodelando fundamentalmente los principios de producción.

La línea de montaje de Ford revolucionó el concepto de producción en masa. Introdujo un enfoque sistemático de la fabricación que aumentó significativamente la producción y la eficiencia. Este método no se limitaba a acelerar el proceso de producción; También introdujo un nivel de estandarización e intercambiabilidad de piezas sin precedentes. Estos principios impregnaron rápidamente varias industrias manufactureras, lo que llevó a la adopción generalizada de técnicas de línea de montaje en todo el mundo.

El legado de la línea de montaje es evidente en prácticamente todos los productos fabricados a gran escala hoy en día. Desde la electrónica hasta los electrodomésticos, desde los muebles hasta la ropa, se emplean los principios básicos de la línea de montaje. Esta adopción generalizada ha llevado a economías de escala, haciendo que los productos sean más baratos y accesibles para un segmento más amplio de la población, democratizando así el consumo de bienes que antes se consideraban lujos.

Además, el legado de Ford se extiende al ámbito de la automatización moderna. Los principios establecidos por la cadena de montaje sirvieron como precursores de la robótica y los sistemas automatizados que se utilizan en la fabricación actual. Estos sistemas, que son fundamentales para los procesos de fabricación contemporáneos, tienen sus orígenes en la eficiencia y la división del trabajo iniciadas por Ford.

La línea de montaje también tuvo un impacto transformador en las prácticas laborales, poniendo de manifiesto la necesidad de un equilibrio entre la eficiencia y la satisfacción de los trabajadores. Esto ha influido en las prácticas y políticas laborales modernas, empujando a las industrias a innovar continuamente no solo en tecnología, sino también en la gestión y el bienestar de los trabajadores.

En conclusión, la introducción de la línea de montaje por parte de Ford hizo más que cambiar la forma en que se fabricaban los automóviles; Sentó las bases para la era industrial moderna. Remodeló las prácticas de fabricación globales, influyendo no solo en cómo se fabrican los productos, sino también en cómo se conciben. El legado perdurable de la revolución de Ford es un testimonio de su visión de la eficiencia y la accesibilidad, principios que continúan influyendo en las prácticas industriales globales hasta el día de hoy.

Capítulo 3: El auge de la combustión interna

Introducción: El motor que impulsó un siglo

Este capítulo profundiza en el motor de combustión interna, una innovación fundamental que definió la tecnología automotriz a lo largo del siglo XX. El auge del motor de combustión interna como fuente de energía dominante para los vehículos no fue simplemente una victoria tecnológica, sino también un cambio fundamental en las capacidades industriales y la movilidad social. Este tipo de motor no solo impulsó automóviles, sino que también influyó significativamente en el desarrollo de aviones, motocicletas y vehículos marinos, lo que ilustra su versatilidad e importancia.

La adopción generalizada del motor de combustión interna fue el resultado de una serie de innovaciones tecnológicas y avances críticos que se produjeron en un contexto de intensa competencia y cambio industrial. Al principio, la simplicidad del diseño y el potencial de alta densidad de energía de los motores de gasolina los hicieron particularmente atractivos en comparación con sus homólogos de vapor y eléctricos, que luchaban con problemas de autonomía y potencia respectivamente.

La narración explorará el panorama competitivo que existía durante el auge del motor de combustión interna. A medida que las ciudades crecían y las economías se expandían, la demanda de formas de transporte más fiables y eficientes también aumentó, preparando el escenario para una feroz competencia entre inventores e industriales. Esta competencia impulsó rápidos avances en la tecnología de motores, alimentando un ciclo de innovación que continuamente superó los límites de lo que era mecánicamente posible.

Figuras clave como Gottlieb Daimler, Karl Benz y Henry Ford desempeñaron un papel monumental en el avance de estos motores, no solo mejorando la tecnología, sino también haciéndola accesible y práctica para el uso masivo. Sus contribuciones, junto con los factores socioeconómicos de la época, como el aumento de las capacidades de extracción y refinación de petróleo, ayudaron a consolidar el lugar del motor de combustión interna como la fuente de energía por excelencia de la era industrial moderna.

Primeras innovaciones e ingenieros pioneros

El viaje del motor de combustión interna es una historia de progreso acumulativo, no la creación de un solo inventor, sino más bien un tapiz tejido por muchas mentes innovadoras. Entre ellos, Nicolaus Otto emerge como una figura central, a quien se le atribuye la creación del primer motor de gasolina exitoso. Su invención del motor de cuatro tiempos en 1876 fue un momento innovador en la historia de la ingeniería automotriz. El ciclo de cuatro tiempos (admisión, compresión, potencia y escape) se convirtió en la columna vertebral del motor de gasolina moderno, proporcionando un método confiable y repetible para aprovechar la energía almacenada en los combustibles fósiles.

Mientras tanto, otro avance significativo llegó con Rudolf Diesel, quien en la década de 1890 inventó el motor diesel, una maravilla de eficiencia y durabilidad. El motor diésel se diferenciaba de sus homólogos de gasolina por el uso de aire comprimido en el cilindro para encender el combustible en lugar de una chispa externa. Esta innovación ofrecía una alternativa más robusta y eficiente a los motores de gasolina, especialmente en entornos que exigían un alto par y durabilidad, como camiones, autobuses y barcos. Los motores diésel pasarían a dominar varios sectores del transporte terrestre y marítimo, célebres por su menor consumo de combustible y su mayor eficiencia.

Estos ingenieros pioneros no solo desarrollaron nuevas tecnologías, sino que también sentaron las bases que guiarían los futuros desarrollos en la tecnología de motores. Su trabajo ejemplificó la naturaleza iterativa del progreso de la ingeniería: cada innovación se basa en la anterior, refinando y ampliando las posibilidades de lo que los motores podían hacer. El legado de estas primeras innovaciones sigue siendo evidente hoy en día, ya que los motores modernos siguen basándose en los principios establecidos por Otto y Diesel, aunque mejorados por siglos de progreso en ingeniería y evolución tecnológica.

La superioridad técnica de los motores de gasolina

El motor de combustión interna, particularmente la variante de gasolina, surgió como una tecnología fundamentalmente transformadora en la historia del automóvil debido a varias ventajas distintivas. Estos motores eran capaces de arrancar rápidamente y operar de manera eficiente en una amplia gama de condiciones ambientales, lo que supuso una mejora significativa con respecto a las alternativas de la época. Su relativa ligereza y compacidad en comparación con las máquinas de vapor ofrecían una flexibilidad sin precedentes en el diseño y el uso de vehículos.

Una de las principales ventajas de los motores de gasolina era su rápida capacidad de arranque, que contrastaba con las máquinas de vapor que requerían un largo período para acumular vapor antes de que pudieran estar operativas. Esta inmediatez de acción proporcionó a los motores de gasolina una ventaja significativa, especialmente para el transporte personal, donde la comodidad y la disponibilidad eran primordiales.

Además, la compacidad y ligereza de los motores de gasolina permitieron diseños de vehículos más innovadores. Los fabricantes podían producir vehículos más pequeños, más ligeros y más eficientes aerodinámicamente, que eran más adecuados para el uso personal y podían navegar por las redes de carreteras cada vez más complejas de las ciudades en crecimiento. Esta flexibilidad se extendió también al transporte comercial, donde la capacidad de producir una variedad de tamaños y configuraciones de vehículos podría satisfacer diversas necesidades comerciales, desde pequeños vehículos de reparto hasta grandes camiones.

Alternativas de batalla: eléctrica y vapor

Durante los años de formación del automovilismo, la

competencia entre los motores de vapor, eléctricos y de combustión interna era feroz, y cada tecnología ofrecía ventajas distintas y se enfrentaba a retos únicos. Las máquinas de vapor, conocidas por su potente rendimiento y fiabilidad, eran una tecnología probada adaptada de las locomotoras de tren. Sin embargo, su uso en automóviles se vio obstaculizado por el tiempo requerido para arrancar y aumentar la presión, así como por el mantenimiento continuo y la complejidad operativa. Además, el tamaño y el peso de las máquinas de vapor y sus calderas asociadas las hacían menos prácticas para los vehículos más pequeños.

Los coches eléctricos, por otro lado, presumían de simplicidad y facilidad de operación con menos partes móviles y un funcionamiento silencioso y limpio. Estos vehículos fueron particularmente populares entre los conductores urbanos debido a su falta de emisiones y ruido. Sin embargo, el principal inconveniente de los vehículos eléctricos era su limitada autonomía, dictada por la capacidad y el peso de las baterías disponibles. Esta limitación de autonomía, junto con una infraestructura de carga escasa y largos tiempos de recarga, hizo que los coches eléctricos fueran menos prácticos para distancias más largas o para uso rural.

La capacidad del motor de combustión interna para proporcionar una potencia constante y fiable a largas distancias sin necesidad de paradas prolongadas le dio una ventaja decisiva. A medida que las redes de carreteras se expandieron y el ritmo social se aceleró, creció la demanda de vehículos que pudieran viajar más lejos, más rápido y de manera más confiable. La idoneidad del motor de gasolina para los entornos sociales y económicos en rápida expansión, donde la movilidad y la flexibilidad se valoraban cada vez más, finalmente aseguró su lugar como la opción dominante para el transporte personal y comercial.

Producción en masa y expansión del mercado

La adopción generalizada del motor de combustión interna se aceleró significativamente gracias a su integración en las técnicas de producción en masa iniciadas por gigantes automotrices como Ford y General Motors. Esta sección del capítulo explora cómo la aplicación de estos métodos de producción transformó el automóvil de un artículo de lujo a un producto accesible, expandiendo así drásticamente el mercado de vehículos a gasolina.

La línea de montaje de Henry Ford, introducida a principios del siglo XX, revolucionó el proceso de fabricación al reducir drásticamente el costo y el tiempo necesarios para producir cada vehículo. Esta innovación era especialmente adecuada para el motor de combustión interna, que podía producirse en grandes cantidades de forma eficiente y rápida. El método de la línea de montaje permitía el montaje rápido de los motores y su instalación en el chasis, agilizando todo el proceso de producción. Esta eficiencia fue crucial para reducir el costo de los vehículos, hacerlos asequibles para un segmento más amplio de la población y, por lo tanto, democratizar la propiedad del automóvil.

General Motors, siguiendo el ejemplo de Ford, adoptó y adaptó estas técnicas de producción en masa, añadiendo un nivel de variedad y personalización que apelaba a las diferentes preferencias y presupuestos de los consumidores. Este enfoque no solo impulsó la competencia, sino que también estimuló el crecimiento del mercado al ofrecer a los consumidores una gama de vehículos que se adaptaban a diferentes necesidades y gustos.

Las economías de escala logradas a través de la producción en masa también significaron que los fabricantes podían experimentar e implementar avances tecnológicos más rápidamente. Este ciclo iterativo de innovación y producción ayudó a mejorar continuamente la eficiencia, la fiabilidad y el atractivo de los vehículos con motor de combustión interna, consolidando su dominio en el mercado del automóvil.

Impactos ambientales y sociales

A medida que el número de vehículos con motor de combustión interna crecía exponencialmente, sus impactos ambientales y sociales se volvieron cada vez más significativos y complejos. Esta sección del capítulo aborda el aumento de la dependencia mundial del petróleo y los desafíos ambientales que plantea el uso generalizado del automóvil, junto con las consecuencias geopolíticas de una economía global impulsada por el petróleo.

La ubicuidad de los vehículos a gasolina condujo a un aumento dramático en la demanda de petróleo, vinculando la industria automotriz con la suerte de la industria petrolera. Esta relación estimuló el crecimiento económico en regiones y países ricos en petróleo, pero también provocó tensiones geopolíticas y conflictos por los recursos petroleros y el control de las rutas de suministro. La importancia estratégica del petróleo, subrayada por su necesidad de propulsar la mayoría de los vehículos del mundo, remodeló las relaciones internacionales y las políticas exteriores entre las principales potencias y las naciones productoras de petróleo.

En el frente ambiental, la proliferación de motores de combustión interna contribuyó significativamente a la contaminación del aire global y al aumento de las emisiones de gases de efecto invernadero. A medida que las ciudades se expandían y el número de vehículos en las carreteras aumentaba, problemas como el smog, la lluvia ácida y el cambio climático se convirtieron en las principales preocupaciones públicas. Estos problemas ambientales llevaron a los gobiernos y organismos internacionales a considerar e implementar regulaciones destinadas a reducir las emisiones de los vehículos y promover opciones de transporte más sostenibles.

Al reflexionar sobre estos impactos, queda claro que, si bien el motor de combustión interna facilitó una movilidad y un crecimiento económico sin precedentes, también introdujo desafíos significativos que continúan influyendo en las políticas ambientales globales y las estrategias económicas en la actualidad. El legado del motor de combustión interna es, por lo tanto, un complejo tapiz de triunfos tecnológicos y desafíos ambientales y geopolíticos, que dan forma al mundo moderno de manera profunda.

Conclusión: La evolución continua de la combustión interna

A medida que este capítulo llega a su fin, reflexionamos sobre el legado duradero y la evolución continua del motor de combustión interna, una tecnología que ha dado forma fundamental al panorama automotriz durante más de un siglo. A pesar de la aparición de desafíos y el cambio de prioridades hacia la sostenibilidad, esta tecnología continúa experimentando innovaciones significativas que mejoran su eficiencia y compatibilidad ambiental.

Los avances en la tecnología de combustión interna se han centrado persistentemente en mejorar la eficiencia del combustible y minimizar las emisiones nocivas. Los ingenieros y científicos han logrado mejoras notables a través de varios medios, como la sincronización variable de válvulas, el turbocompresor y el uso de materiales livianos en la construcción de motores. Estas mejoras tecnológicas no solo mejoran el rendimiento y el ahorro de combustible de los vehículos, sino que también contribuyen significativamente a reducir el impacto ambiental por vehículo.

Además, el desarrollo de tecnologías de control de emisiones, como los convertidores catalíticos y los sistemas avanzados de gestión del motor, ha desempeñado un papel crucial en la reducción de los contaminantes emitidos por los motores de gasolina y diésel. Estas tecnologías han ayudado a mitigar algunas de las desventajas ambientales de los motores de combustión interna y han sido fundamentales para cumplir con los estándares de emisiones cada vez más estrictos impuestos por los gobiernos de todo el mundo.

Además de estas mejoras, la integración de tecnologías híbridas marca un giro significativo en la evolución de los motores de combustión interna. Los vehículos híbridos, que combinan el motor tradicional con motores eléctricos, ofrecen un compromiso al reducir el consumo de combustible y las emisiones, al tiempo que aprovechan la infraestructura de repostaje existente. Este enfoque híbrido sirve como una tecnología de transición, proporcionando a los consumidores y a las economías tiempo para adaptarse a los vehículos eléctricos y, al mismo tiempo, obtener beneficios medioambientales inmediatos.

De cara al futuro, el capítulo sienta las bases para los debates sobre los retos modernos a los que se enfrentan los motores de combustión interna, incluido el impulso mundial de fuentes de energía más limpias y el resurgimiento de los vehículos eléctricos como alternativa viable. La industria automotriz se encuentra en una encrucijada en la que el dominio de la combustión interna se cuestiona cada vez más frente a la propulsión eléctrica, impulsada por las mejoras en la tecnología de baterías, un creciente sector de energía renovable y las preferencias cambiantes de los consumidores.

A pesar de estos desafíos, es probable que el motor de combustión interna siga siendo relevante en un futuro próximo, especialmente en configuraciones híbridas y en regiones donde la infraestructura de vehículos eléctricos aún se está desarrollando. La evolución continua de esta tecnología refleja no solo una respuesta a las presiones ambientales y económicas, sino también la capacidad de la industria para innovar y adaptarse a un mundo cambiante.

En resumen, si bien el motor de combustión interna puede eventualmente ceder su dominio a los vehículos eléctricos, su viaje subraya una narrativa más amplia de resiliencia tecnológica y adaptabilidad, que continúa evolucionando a medida que enfrenta los desafíos ambientales modernos y el cambio global hacia la sostenibilidad.

Capítulo 4: La seguridad es lo primero: innovaciones en la seguridad del automóvil

Introducción: La evolución de la seguridad automotriz

Este capítulo profundiza en el viaje transformador de la seguridad automotriz, detallando cómo los vehículos evolucionaron de máquinas peligrosas a portadores equipados con sistemas de seguridad avanzados. Traza la trayectoria de las mejoras de seguridad desde los primeros días del automóvil, haciendo hincapié en cómo los cambios en la tecnología, los cambios regulatorios y la investigación fundamental de seguridad han influido colectivamente en el diseño de vehículos modernos.

La evolución de la seguridad automovilística no es una mera narrativa técnica, sino una compleja interacción entre la innovación y el cambio de actitudes de la sociedad hacia la seguridad vial. A medida que los vehículos se volvieron más rápidos y comunes, las consecuencias de sus peligros inherentes se hicieron más evidentes, lo que estimuló la demanda de automóviles más seguros. Este capítulo explora las innovaciones clave de seguridad que han sido fundamentales para reducir las muertes y lesiones relacionadas con vehículos, junto con los cambios regulatorios que han aplicado estas mejoras en toda la industria. Además, examina cómo la investigación en curso sobre la seguridad de los vehículos ha superado los límites de lo posible, integrando tecnología e ingeniería de vanguardia para proteger a los pasajeros y peatones por igual.

Los primeros días: reconociendo la necesidad de seguridad

En las etapas incipientes de la industria automotriz, el enfoque principal fue hacer que los vehículos fueran funcionales y performativos, con poca atención a la seguridad de los ocupantes. Los primeros coches eran esencialmente abiertos, sin ofrecer protección contra los elementos o en caso de accidente. Sin embargo, a medida que proliferó la propiedad de automóviles y las calles se llenaron de automóviles, la falta de características de seguridad provocó un aumento en los accidentes, lo que provocó la preocupación pública.

En esta sección se describen los pasos iniciales adoptados para abordar las evidentes necesidades de seguridad de los automóviles. Innovaciones como los limpiaparabrisas, introducidos para mejorar la visibilidad durante la lluvia o la nieve, los espejos retrovisores para una mejor conciencia del tráfico circundante y las luces de freno para señalar las acciones de frenado fueron desarrollos fundamentales.

Estas características, aunque básicas, marcaron mejoras significativas en la seguridad automotriz, preparando el escenario para intervenciones de seguridad más sistemáticas. Fueron el primer reconocimiento de la industria de que el diseño de vehículos debía tener en cuenta no solo la mecánica de la conducción, sino también la seguridad de las personas dentro y fuera del vehículo.

Características de seguridad pioneras

A mediados del siglo XX, particularmente en las décadas de 1950 y 1960, fue un período crucial para la innovación en seguridad en el sector automotriz. A medida que los automóviles se volvieron más rápidos y comunes, el impacto de los accidentes se volvió más severo, lo que llevó a impulsar medidas de seguridad más sólidas. Esta época vio algunos de los avances más significativos en la seguridad automotriz, impulsados tanto por los avances tecnológicos como por una creciente demanda pública de automóviles más seguros.

Una de las innovaciones más transformadoras de la época fue el cinturón de seguridad de tres puntos, inventado por Nils Bohlin para Volvo en 1959. El cinturón de seguridad de tres puntos supuso una mejora radical con respecto a los cinturones de regazo de dos puntos utilizados anteriormente, proporcionando una mayor protección contra la inercia y minimizando el riesgo de lesiones o expulsión durante una colisión. Reconociendo su potencial para salvar vidas, Volvo tomó la decisión sin precedentes de dejar abierta la patente, permitiendo que otros fabricantes la incorporaran a sus diseños, lo que subrayó el cambio hacia la priorización de la seguridad sobre la ventaja competitiva.

Además, este período también vio el desarrollo de los primeros maniquíes de prueba de choque, inicialmente en la década de 1940 y refinados en la década de 1950. Estos maniquíes proporcionaron datos cruciales que ayudaron a los ingenieros a comprender la dinámica de los accidentes automovilísticos y la biomecánica de las lesiones humanas.

Se convirtieron en herramientas indispensables en las pruebas de seguridad, permitiendo la simulación de respuestas humanas realistas a los choques y dando lugar a vehículos mejor diseñados que podrían ofrecer una mejor protección a los pasajeros.

Cada una de estas características de seguridad marcó hitos significativos en el camino hacia automóviles más seguros, destacando un período de rápida evolución de las medidas de seguridad pasivas a las más activas en el diseño de vehículos.

Influencia y regulación del gobierno

El importante papel del gobierno en el avance de la seguridad automotriz comenzó a cristalizarse en la década de 1960, una década marcada por una mayor conciencia pública sobre los problemas de seguridad automotriz. Esta era culminó en un momento crucial para la seguridad automotriz de los EE. UU. con el establecimiento de la Administración Nacional de Seguridad del Tráfico en las Carreteras (NHTSA) en 1970. Este movimiento fue catalizado en gran medida por la publicación del influyente libro de Ralph Nader, "Inseguro a cualquier velocidad", que expuso la renuencia de los fabricantes de automóviles a priorizar la seguridad y provocó un debate nacional sobre los estándares de seguridad de los automóviles.

Esta sección profundiza en el profundo impacto de los organismos reguladores como la NHTSA y la legislación que aplican sobre los estándares de seguridad de los vehículos. El establecimiento de la NHTSA llevó a la implementación de medidas de seguridad obligatorias como cinturones de seguridad, bolsas de aire y rigurosas pruebas de resistencia a los choques. Estas regulaciones obligaron a los fabricantes a adherirse a estrictos criterios de seguridad, mejorando drásticamente la seguridad general de los vehículos. La postura proactiva del gobierno no solo estableció estándares federales de seguridad obligatorios, sino que también supervisó su cumplimiento, asegurando que los fabricantes de automóviles cumplieran con estos requisitos para proteger a los consumidores. Este marco regulatorio ha sido fundamental para impulsar innovaciones en las características de seguridad y reducir significativamente las lesiones y muertes relacionadas con los vehículos a lo largo de las décadas.

Avances tecnológicos en seguridad

Los avances en la tecnología de seguridad han sido fundamentales para la evolución de la seguridad de los automóviles, superando continuamente los límites para proteger mejor a los ocupantes. Esta parte del capítulo destaca las innovaciones tecnológicas clave que han cambiado las reglas del juego para mejorar la seguridad de los vehículos.

Una de esas innovaciones es el sistema de frenos antibloqueo (ABS), que ayuda a mantener el control del vehículo durante paradas repentinas al evitar que las ruedas se bloqueen. Esta tecnología, junto con el control electrónico de estabilidad (ESC), que ayuda a evitar derrapes durante situaciones de sobreviraje o subviraje, ha mejorado en gran medida la capacidad de los conductores para mantener el control en situaciones críticas. Además, el desarrollo y la implementación generalizada de bolsas de aire han ofrecido una protección crucial en choques, reduciendo significativamente el riesgo de lesiones fatales.

Otra área crítica de avance tecnológico es el uso de materiales avanzados en la construcción de vehículos. Características como las zonas de deformación, que absorben y disipan la energía durante un choque, y las celdas de pasajeros reforzadas que ayudan a mantener la integridad de la cabina del vehículo, han sido fundamentales para mejorar la capacidad de supervivencia durante los accidentes. Estas innovaciones ponen de manifiesto cómo los avances tecnológicos han sido fundamentales para mejorar las características de seguridad pasiva de los vehículos.

El auge de los sistemas de seguridad activa y pasiva

En los últimos años, la distinción entre sistemas de seguridad activa y pasiva se ha convertido en una piedra angular de las estrategias de seguridad de los vehículos. Los sistemas de seguridad activa están diseñados para evitar que ocurran accidentes en primer lugar. Tecnologías como el frenado automático de emergencia, la asistencia de mantenimiento de carril y el control de crucero adaptativo entran en esta categoría. Estos sistemas se basan en sensores, cámaras y radares para monitorear el entorno del vehículo y realizar acciones correctivas cuando se detectan posibles amenazas de colisión, mejorando así las capacidades de seguridad proactiva de los vehículos.

Por el contrario, las características de seguridad pasiva son aquellas que tienen como objetivo minimizar las lesiones en caso de choque. Esto incluye bolsas de aire, cinturones de seguridad y zonas de deformación diseñadas estructuralmente. Si bien las características de seguridad pasiva son cruciales durante un accidente, el objetivo de los sistemas de seguridad activa es hacer que los sistemas pasivos sean innecesarios evitando el accidente por completo.
Esta sección explora cómo los sistemas de seguridad activa y pasiva se integran cada vez más en los vehículos modernos, trabajando en conjunto para crear entornos de conducción más seguros.

La interacción entre estos sistemas representa la vanguardia de la tecnología de seguridad automotriz, destacando un enfoque holístico para proteger a los ocupantes a través de la prevención y la protección. Esta estrategia integral de seguridad subraya el compromiso continuo de la industria automotriz para reducir los accidentes de tráfico y mejorar la seguridad de todos los usuarios de la carretera.

Mirando hacia el futuro: el futuro de la tecnología de seguridad

A medida que miramos hacia el futuro de la seguridad automotriz, varias tecnologías e innovaciones emergentes prometen revolucionar la forma en que se integra la seguridad en los vehículos, con el objetivo de un mundo en el que los accidentes vehiculares sean cada vez más raros. En esta sección final del capítulo se analizan los impactos potenciales de los vehículos autónomos, los avances en las tecnologías de sensores y el creciente papel de la conectividad y el análisis de datos en la mejora de la seguridad de los vehículos.

Vehículos autónomos

Uno de los avances más significativos en el horizonte es el desarrollo y eventual despliegue generalizado de vehículos autónomos (AV). Estos vehículos, equipados con sensores avanzados, cámaras e inteligencia artificial, pueden navegar sin intervención humana, lo que podría reducir el error humano, que es una de las principales causas de accidentes. La seguridad de los vehículos autónomos depende de su capacidad para detectar su entorno y tomar decisiones en fracciones de segundo que un conductor humano no sería capaz de tomar. A medida que estas tecnologías maduran, la promesa de los vehículos autónomos para reducir los accidentes de tráfico y las muertes tiene posibles impactos transformadores en la seguridad vial.

Avances en tecnologías de sensores

La tecnología de sensores es la columna vertebral tanto de las características de seguridad activa en los vehículos actuales como del desarrollo de vehículos totalmente autónomos. Las innovaciones en la tecnología de sensores, como LiDAR (Light Detection and Ranging), el radar y los sensores ultrasónicos, son cada vez más sofisticadas, proporcionando a los vehículos datos mejores y más precisos sobre su entorno. Estas tecnologías permiten características como la detección precisa de objetos y la medición de distancias, que son cruciales para sistemas efectivos de prevención de colisiones. A medida que estos sensores se vuelvan más avanzados y rentables, se espera que aumente su integración en todo tipo de vehículos, mejorando las características de seguridad incluso en vehículos no autónomos.

Conectividad y análisis de datos

La conectividad y el uso de análisis de big data en la seguridad automotriz representan un cambio de paradigma en la forma en que los vehículos interactúan entre sí y con el sistema de tráfico en general. Hoy en día, los vehículos son cada vez más capaces de comunicarse entre sí y con los sistemas de gestión del tráfico para compartir datos en tiempo real sobre las condiciones de la carretera, la congestión del tráfico y los peligros potenciales. Esta comunicación del vehículo a todo (V2X) puede mejorar significativamente la conciencia situacional de todos los conductores en la carretera. Además, el análisis de datos puede predecir posibles problemas de seguridad antes de que se conviertan en problemas, lo que permite tomar medidas preventivas mucho antes.

De cara al futuro, la integración de estas tecnologías no solo mejorará la seguridad individual de los vehículos, sino que también conducirá a un enfoque más integrado de la seguridad vial, en el que todos los vehículos y los usuarios de la carretera estén conectados a través de una red que anticipe y gestione los riesgos potenciales de forma proactiva.

Conclusión

El futuro de la tecnología de seguridad automotriz está al borde de una revolución, caracterizada por rápidos avances en automatización, tecnologías de sensores y conectividad de datos. Estos desarrollos prometen crear entornos de conducción más seguros y reducir drásticamente la incidencia de accidentes vehiculares. A medida que avancemos, el desafío será garantizar que estas tecnologías sean confiables, seguras y accesibles para todos, continuando así la evolución de la seguridad automotriz en la búsqueda de proteger vidas en la carretera.

Capítulo 5: Lujo y confort: el impulso hacia mejores experiencias

Introducción: La búsqueda de la comodidad en los automóviles

La evolución de los interiores de los automóviles y las características destinadas específicamente a mejorar la comodidad del conductor y los pasajeros es un viaje fascinante que refleja cambios culturales y tecnológicos más amplios. Inicialmente considerados máquinas puramente utilitarias, los automóviles se han transformado en espacios de confort y lujo. Este capítulo profundiza en cómo el enfoque en la comodidad ha evolucionado hasta convertirse en un aspecto fundamental del diseño automotriz, que distingue a las marcas e influye significativamente en las decisiones de compra de los consumidores.

A medida que los automóviles se integraron más en la vida diaria, los consumidores comenzaron a exigir algo más que funcionalidad: buscaban una experiencia de conducción cómoda y agradable. Este cambio ha llevado a los fabricantes de automóviles a innovar continuamente, utilizando la comodidad como un diferenciador clave en un mercado abarrotado. Desde los asientos ergonómicos hasta los sistemas de climatización y la sofisticada insonorización, la búsqueda del confort ha llevado a la integración de diversas tecnologías y diseños destinados a mejorar la experiencia en el coche. Este enfoque en la comodidad no solo mejora la calidad de vida de los usuarios, sino que también mejora la lealtad a la marca y la competitividad en el mercado.

Las primeras innovaciones en confort

En las etapas incipientes de la historia del automóvil, la comodidad fue en gran medida una idea tardía. Los primeros vehículos eran medios de transporte rudimentarios que ofrecían poco en términos de comodidad o facilidad de uso. Por lo general, estaban equipados con asientos rígidos de madera, una protección mínima contra los elementos y carecían de cualquier tipo de sistema de calefacción o ventilación, lo que los hacía difíciles de usar, especialmente en condiciones climáticas adversas.

Reconociendo las limitaciones de estos primeros diseños, los pioneros de la industria automotriz comenzaron a introducir características destinadas a mejorar la comodidad de estas máquinas. Una de las primeras innovaciones fue la introducción de los asientos acolchados, que sustituyeron a los duros e incómodos bancos utilizados anteriormente. Estos asientos acolchados fueron una mejora simple pero efectiva que mejoró significativamente la comodidad de los pasajeros, haciendo que viajar en automóvil fuera una opción más atractiva.

Junto con el desarrollo de asientos más cómodos, hubo avances en los sistemas de suspensión de los vehículos. Los primeros autos estaban equipados con una suspensión muy básica que hacía poco para absorber el impacto de las carreteras en mal estado, que eran comunes en ese momento. El desarrollo de mejores sistemas de suspensión fue crucial no solo para la comodidad, sino también para la longevidad y el rendimiento del vehículo. Los sistemas de suspensión mejorados permitieron viajes más suaves, reduciendo la fatiga experimentada por los pasajeros y aumentando el atractivo de poseer y usar un automóvil.

La introducción de los sistemas de calefacción y ventilación marcó otro gran paso adelante en el confort de los automóviles. Los intentos iniciales de proporcionar calor involucraron sistemas simples y rudimentarios que a menudo eran inseguros e ineficientes. Sin embargo, a medida que la tecnología avanzó, también lo hicieron las soluciones para la calefacción en el automóvil, lo que finalmente condujo a los modernos sistemas de control de clima que son estándar en los vehículos de hoy en día. Estos sistemas permitieron el control de la temperatura dentro de la cabina, proporcionando calor en climas fríos y enfriamiento en climas cálidos, transformando aún más el vehículo de un mero medio de transporte a un medio de transporte cómodo para todo tipo de clima.

Estas primeras innovaciones sentaron las bases de la gran cantidad de características de confort que vemos en los vehículos de hoy en día. Fueron los primeros pasos para hacer que los viajes en automóvil no solo fueran un medio para un fin, sino una experiencia agradable por derecho propio. A medida que los automóviles evolucionaron, también lo hizo la expectativa de comodidad, impulsando nuevas innovaciones y dando forma a la industria automotriz moderna.

Avances en la calidad de conducción y la reducción del ruido

A medida que aumentaba la popularidad de los automóviles y el mercado se volvía más competitivo, los fabricantes buscaban formas de diferenciar sus productos mejorando la experiencia general de conducción. Uno de los principales objetivos fue mejorar la calidad de conducción y reducir el ruido, la vibración y la dureza (NVH), que son factores críticos para determinar la comodidad del vehículo.

Avances en la tecnología de suspensión

Los sistemas de suspensión juegan un papel fundamental en la forma en que un automóvil maneja las irregularidades de la carretera y la calidad general de la conducción. Un avance significativo fue el desarrollo de la suspensión delantera independiente, que permite que cada rueda del mismo eje se mueva independientemente de la otra. Esta tecnología proporciona un mejor manejo y comodidad en comparación con las suspensiones tradicionales de eje sólido, ya que puede adaptarse de manera más efectiva a las superficies irregulares de la carretera, reduciendo el impacto que se siente dentro de la cabina.

Los sistemas de suspensión neumática representan otro gran salto en la tecnología de suspensión. Mediante el uso de resortes neumáticos en lugar de los resortes de acero tradicionales, los sistemas de suspensión neumática ajustan la firmeza de la conducción de manera dinámica, adaptándose a los cambios en las condiciones de la carretera y la carga del vehículo. Esta adaptabilidad no solo mejora la comodidad, sino que también mantiene la estabilidad y el manejo del vehículo, mejorando la experiencia general de conducción.

Esfuerzos de reducción de ruido

La reducción del ruido, la vibración y la dureza de los vehículos (NVH) ha sido otra área crucial de enfoque. Los esfuerzos para minimizar la NVH incluyen el uso de materiales avanzados que absorben o amortiguan el sonido y la vibración, así como el diseño de estructuras del chasis y la carrocería que puedan aislar y reducir la transmisión de sensaciones y ruidos desagradables. También se han empleado técnicas como las ventanas de doble panel, los sellos especializados de las puertas y el aumento del aislamiento para crear interiores de vehículos más silenciosos, protegiendo a los pasajeros del ruido de la carretera y el viento.

Control de clima y entretenimiento en el automóvil

La introducción de sistemas eficaces de calefacción y aire acondicionado marcó un hito importante en la creación de entornos confortables para los automóviles, independientemente de las condiciones climáticas externas. Los primeros sistemas de calefacción eran rudimentarios y dependían del desvío del aire calentado por el motor hacia la cabina. El desarrollo de modernos sistemas de climatización, que permiten ajustar la temperatura con precisión en diferentes zonas del vehículo, ha hecho que la conducción sea una experiencia más cómoda en cualquier clima.

Evolución del entretenimiento en el automóvil

La evolución del entretenimiento en el automóvil ha sido paralela a los avances tecnológicos en general. Los primeros automóviles contaban con radios AM simples, pero los vehículos de hoy en día ofrecen sistemas multimedia complejos. Los sistemas modernos incluyen pantallas táctiles, opciones de conectividad para dispositivos móviles, acceso a Internet y sistemas de audio premium con sonido envolvente. Estos sistemas no solo brindan entretenimiento, sino que también mantienen a los conductores conectados a los servicios digitales y las ayudas a la navegación, lo que mejora la comodidad y la seguridad.

Características de lujo y personalización

Los fabricantes de automóviles de lujo como Rolls-Royce, Mercedes-Benz y Bentley se han distinguido por sus características exclusivas y sus amplias opciones de personalización. Estas marcas ofrecen interiores hechos a mano que utilizan materiales de alta gama como cuero fino, adornos de madera exótica y detalles personalizados adaptados a las preferencias individuales. Los sistemas de infoentretenimiento de última generación en los automóviles de lujo a menudo incluyen interfaces a medida diseñadas para ofrecer un atractivo estético y experiencias de usuario únicas.

Las opciones de personalización van más allá de las opciones estéticas e incluyen atributos funcionales adaptados al estilo de vida y las preferencias de los clientes adinerados, como compartimentos de refrigerador, características de seguridad mejoradas y sistemas de audio personalizados. Estas características de lujo no solo brindan comodidad y conveniencia, sino que también refuerzan el estatus del vehículo como símbolo de riqueza y gusto personal.

Ergonomía y accesibilidad

A medida que los automóviles se han convertido en un elemento básico en la vida diaria, se ha intensificado el enfoque en diseñarlos para que sean más ergonómicos y accesibles. La ergonomía en el diseño automotriz enfatiza la creación de entornos dentro de los vehículos que apoyen la salud y la funcionalidad del cuerpo humano, mejorando la comodidad general y reduciendo la fatiga del conductor. En esta sección se analiza cómo los diseños de automóviles modernos han satisfecho cada vez más una amplia gama de necesidades, incluidas las de las personas con discapacidad, garantizando que todos puedan operar vehículos de manera segura y cómoda.

Adaptabilidad y personalización

Uno de los principales avances en esta área ha sido el desarrollo de características ajustables dentro del automóvil. Los asientos que pueden moverse en múltiples direcciones, los volantes ajustables y las posiciones de los pedales que se pueden adaptar al tamaño y las preferencias del conductor ahora son comunes. Estas características permiten a los conductores de todas las formas y tamaños encontrar una posición de conducción cómoda, mejorando tanto el control como la comodidad, que son cruciales para una conducción segura.

Mejoras tecnológicas

Para mejorar aún más la accesibilidad, muchos vehículos modernos incorporan tecnologías avanzadas como comandos de voz e interfaces táctiles. Estas tecnologías son particularmente beneficiosas para las personas con problemas de movilidad o destreza, ya que reducen la necesidad de controles físicos que requieren habilidades motoras finas. Los sistemas de control por voz permiten a los conductores operar todo, desde la navegación hasta el control de temperatura, sin quitar las manos del volante, mientras que las interfaces táctiles ofrecen un control intuitivo sobre las funciones del vehículo con un esfuerzo físico mínimo.

El futuro del confort: vehículos autónomos y compartidos

De cara al futuro, la llegada de la conducción autónoma y el auge de la movilidad compartida van a remodelar drásticamente nuestros conceptos de confort y lujo en el automóvil. A medida que los vehículos se vuelven más autónomos, el papel del conductor se transformará, eliminando potencialmente la necesidad de interiores de automóviles convencionales diseñados en torno al asiento del conductor y los controles.

Redefiniendo los interiores de los vehículos

En los vehículos totalmente autónomos, el interior puede reinventarse como un espacio habitable móvil, donde los asientos pueden estar enfrentados para facilitar la conversación, o reclinarse completamente para permitir el descanso o el sueño. Los tradicionales asientos orientados hacia adelante podrían ser reemplazados por arreglos más versátiles, adaptándose a las necesidades de los pasajeros, ya sea para el trabajo, la relajación o la interacción social.

Integración de espacios multifuncionales

En el caso de las soluciones de movilidad compartida, que pueden incluir viajes compartidos o compartidos en vehículos autónomos, los interiores deberán ser no solo cómodos, sino también altamente funcionales y adaptables a las necesidades de los diferentes usuarios a lo largo del día. Esto podría conducir a diseños con características convertibles, como asientos que pueden convertirse en configuraciones de oficina con escritorios plegables o salones de entretenimiento con pantallas y sistemas de sonido, que ofrecen una experiencia de viaje personalizada.

Enfoque en la higiene y la personalización

Además, con el aumento del uso de vehículos compartidos, factores como la limpieza y el espacio personal serán más importantes. Los diseños futuros de vehículos pueden incorporar materiales que resistan las bacterias y sean más fáciles de limpiar, o utilizar sistemas avanzados de climatización que mejoren la calidad del aire y gestionen ajustes de control de clima personalizados.

La trayectoria hacia los vehículos autónomos y compartidos invita a una reevaluación de lo que significa la comodidad en el contexto de la movilidad. Abre posibilidades para diseños innovadores que pueden hacer que viajar no sea solo un medio para un fin, sino una experiencia agradable, productiva o relajante por derecho propio. Es probable que la evolución del confort en este contexto continúe combinando tecnología y diseño ergonómico para crear espacios que sean a la vez funcionales y lujosos.

Conclusión: Una nueva era del lujo automotriz

Al concluir este capítulo sobre la evolución del lujo y el confort del automóvil, está claro que el impulso hacia una mayor sofisticación en los interiores de los automóviles continúa impulsando la industria automotriz. La interacción entre el diseño innovador y la tecnología de vanguardia está remodelando lo que esperamos de nuestros vehículos, combinando el lujo con la funcionalidad de formas nuevas y emocionantes.

Los avances en la comodidad siempre han sido un catalizador importante para la innovación automotriz, lo que empuja a los ingenieros y diseñadores a explorar continuamente nuevos materiales, tecnologías y diseños. Esta búsqueda ha transformado la estructura misma de los interiores de los vehículos, haciendo que características como el control de clima, los asientos avanzados y los sistemas de entretenimiento inmersivo sean expectativas estándar en lugar de lujos exclusivos.

A medida que la tecnología evoluciona, también lo hacen las expectativas de los consumidores. Los consumidores modernos ahora esperan un nivel básico de comodidad que se consideraba premium hace solo unos años. Este cambio no solo está influyendo en los diseños automotrices actuales, sino que también está sentando las bases para futuros desarrollos. Los fabricantes de automóviles están incorporando cada vez más interfaces impulsadas por IA y computación ambiental, anticipándose a las necesidades y preferencias de conductores y pasajeros por igual.

De cara al futuro, el panorama del confort y el lujo del automóvil va a sufrir transformaciones aún más drásticas. Con la llegada de las tecnologías de conducción autónoma, es probable que el diseño interior de los vehículos pase de estar centrado en el conductor a convertirse más en espacios habitables sobre ruedas. Esto podría significar autos diseñados con características que priorizan la relajación y la productividad, como asientos reclinables que se convierten en camas, o sillas y mesas giratorias que facilitan la interacción cara a cara.

Esta evolución continua en la comodidad y el lujo ilustra una tendencia más amplia en la industria automotriz: a medida que nuestras vidas se entrelazan más con la tecnología, nuestros vehículos se convierten no solo en un medio de transporte, sino en una extensión conectada, cómoda y personalizada de nuestro entorno de vida. A medida que avanzamos hacia esta nueva era, el emocionante desafío para los fabricantes de automóviles será mantenerse al día con estos rápidos cambios, innovando continuamente para satisfacer las crecientes expectativas de los conductores y pasajeros de todo el mundo.

Capítulo 6: Impulsando el cambio: la crisis del petróleo y sus secuelas

Introducción: El impacto de la crisis del petróleo en los automóviles

Las crisis del petróleo de la década de 1970 sirvieron como una dura llamada de atención para la industria automotriz, subrayando su vulnerabilidad a los eventos geopolíticos y provocando cambios significativos en el diseño y la producción de vehículos. Este capítulo explora cómo estos momentos críticos de la historia catalizaron avances en la eficiencia del combustible, la exploración de combustibles alternativos y un cambio en las preferencias de los consumidores que remodelaría la industria en las décadas venideras.

Durante esta época, la relación entre la disponibilidad de petróleo y la fabricación de automóviles se hizo dolorosamente clara, destacando el impacto directo del suministro de combustible en las prácticas automotrices. A medida que aumentaban las presiones regulatorias y las preferencias de los consumidores cambiaban drásticamente hacia vehículos más eficientes en el consumo de combustible, los fabricantes de automóviles se vieron obligados a reconsiderar sus filosofías de diseño y modelos de negocio. Este período marcó el comienzo de una transición de una industria que priorizaba el tamaño y la potencia a una cada vez más centrada en la sostenibilidad y la eficiencia. La exploración de combustibles alternativos y nuevas tecnologías se convirtió en un imperativo estratégico, no solo como respuesta a las crisis, sino como un enfoque prospectivo para aislar a la industria de vulnerabilidades similares en el futuro.

El embargo petrolero de 1973 y sus efectos inmediatos

La primera gran crisis del petróleo en 1973, desencadenada por conflictos geopolíticos como la Guerra de Yom Kippur, desembocó en una inmediata y profunda crisis en el sector del automóvil. A medida que los precios del petróleo se dispararon y la escasez se convirtió en algo común, el panorama de la demanda de los consumidores cambió casi de la noche a la mañana. En esta sección del capítulo se examinan los efectos inmediatos del bloqueo en la industria del automóvil, en particular la rápida disminución de la popularidad de los vehículos grandes que no consumen mucho dinero.

Los fabricantes de automóviles, especialmente los de Estados Unidos, fueron tomados por sorpresa por el repentino cambio en la dinámica del mercado. La industria, que durante mucho tiempo había estado dominada por automóviles grandes con motores potentes, experimentó una fuerte disminución en las ventas, ya que los consumidores no solo enfrentaron el aumento de los precios del combustible, sino también el impacto psicológico de la escasez de combustible. La crisis provocó un rápido giro hacia automóviles más pequeños y económicos, un segmento que había estado dominado en gran medida por los fabricantes europeos y japoneses, que estaban mejor preparados para satisfacer estas demandas debido a su enfoque existente en modelos más pequeños y más eficientes en el consumo de combustible.

La respuesta inicial de la industria automotriz estadounidense estuvo marcada por la resistencia. Muchos fabricantes se mostraron reacios a abandonar sus enfoques tradicionales del diseño de automóviles, que habían enfatizado el tamaño y el lujo sobre la eficiencia. Esta resistencia no era simplemente una renuencia a innovar, sino también un reflejo de las importantes inversiones y compromisos de infraestructura vinculados a sus líneas de productos existentes. La transición a la producción de vehículos más pequeños y más eficientes en el consumo de combustible requirió no solo nuevos diseños, sino también un cambio fundamental en las prácticas de producción y las estrategias de marketing.

El embargo petrolero de 1973 cambió fundamentalmente la forma en que los fabricantes de automóviles abordaban el diseño de vehículos y la participación del consumidor, acelerando el movimiento de la industria hacia tecnologías más sostenibles y eficientes en el consumo de combustible. Este período de crisis sirvió como un punto de inflexión crítico, influyendo en las direcciones futuras en el diseño y la tecnología automotriz, y remodelando las expectativas de los consumidores y los estándares de la industria en todo el mundo.

Respuestas Regulatorias y Normas CAFE

A raíz de la crisis del petróleo de la década de 1970 y las crecientes preocupaciones ambientales, los gobiernos de todo el mundo comenzaron a reconocer la necesidad urgente de una intervención regulatoria en la industria automotriz. Esta sección del capítulo se centra en la introducción de los estándares de Economía de Combustible Promedio Corporativo (CAFE) en los Estados Unidos, una medida regulatoria fundamental destinada a reducir el consumo de combustible de automóviles y camiones ligeros.

Introducidas en 1975, las normas CAFE requerían que los fabricantes de automóviles cumplieran con objetivos específicos de economía promedio de combustible para los automóviles y camiones que vendían cada año. Esta legislación fue diseñada no solo para reducir el consumo de energía, sino también para mitigar la dependencia de los Estados Unidos del petróleo extranjero. Los fabricantes de automóviles se vieron obligados a innovar y revisar sus enfoques sobre el diseño de vehículos y el rendimiento del motor, impulsando a la industria hacia una mayor eficiencia de combustible en todas las categorías de vehículos.

Se adoptaron medidas similares en otros países, cada uno de los cuales adaptó su enfoque a las necesidades y capacidades singulares de su sector automotriz. Estas regulaciones impulsaron un cambio global en la industria, con los fabricantes de automóviles invirtiendo fuertemente en investigación y desarrollo para crear vehículos que cumplieran con estos nuevos estándares sin dejar de ser atractivos para los consumidores. La implementación de estas regulaciones marcó un cambio significativo en la ingeniería automotriz, impulsando avances en tecnologías como la aerodinámica, materiales más livianos y trenes motrices más eficientes.

El auge de los fabricantes de automóviles japoneses

La crisis del petróleo de la década de 1970 creó un cambio significativo en el mercado a favor de los vehículos con mejor economía de combustible, un cambio que los fabricantes de automóviles japoneses estaban preparados para capitalizar. Marcas como Toyota y Honda ya habían estado desarrollando modelos más pequeños y más eficientes en el consumo de combustible que contrastaban fuertemente con los autos estadounidenses más grandes y menos eficientes que dominaban los mercados de EE. UU. y Europa en ese momento.

Esta sección explora cómo los fabricantes de automóviles japoneses, aprovechando sus fortalezas existentes en el diseño de automóviles compactos y la eficiencia del combustible, ganaron un punto de apoyo sustancial en estos mercados críticos. La crisis puso de manifiesto las ventajas de sus filosofías automotrices, que se centraban en la fiabilidad, la eficiencia del combustible y la asequibilidad, cualidades que de repente se volvieron muy apreciadas entre los consumidores que se enfrentaban a la escasez de combustible y al aumento de los precios.

La entrada estratégica de estas marcas japonesas en los mercados de Estados Unidos y Europa se vio facilitada por su capacidad para satisfacer las demandas de los consumidores de forma rápida y eficaz. Su éxito no fue solo el resultado de una oferta de productos superior, sino también de sus ágiles estrategias de producción y distribución, que les permitieron ampliar sus operaciones y aumentar rápidamente su cuota de mercado.

Innovaciones en Eficiencia de Combustible y Energías Alternativas

Impulsados por una combinación de presiones regulatorias y preferencias cambiantes de los consumidores, los fabricantes de automóviles se vieron obligados a encontrar formas innovadoras de mejorar la eficiencia del combustible y explorar soluciones de energía alternativas. En esta parte del capítulo se analizan los avances tecnológicos que surgieron durante este período, incluido el desarrollo de motores de combustión interna más eficientes, la adopción de la turbocompresión y la experimentación con combustibles alternativos como el etanol y el biodiésel.

El turbocompresor, por ejemplo, permitía tamaños de motor más pequeños sin sacrificar el rendimiento. Al forzar la entrada de aire comprimido adicional en la cámara de combustión, los turbocompresores aumentan la eficiencia y la potencia de salida del motor, ofreciendo una forma de mantener el rendimiento del vehículo en un paquete más compacto y eficiente en el consumo de combustible.

Además, la crisis del petróleo estimuló el interés por los combustibles alternativos, que anteriormente habían tenido un interés marginal. Los fabricantes de automóviles y los investigadores comenzaron a explorar más seriamente opciones como el etanol, el biodiésel y, en particular, los vehículos eléctricos. Aunque se había experimentado con los coches eléctricos desde los primeros días de la historia del automóvil, las crisis renovaron el interés por la electrificación como alternativa viable a los combustibles fósiles tradicionales.

Este período de innovación no se limitó a cumplir con las nuevas normativas, sino también a anticipar un futuro en el que el combustible ya no podría ser la única fuente fiable de energía automovilística. Estos avances sentaron las bases para la próxima generación de tecnologías automotrices, sentando las bases para el desarrollo y la integración continuos de vehículos híbridos y totalmente eléctricos en los años siguientes.

La segunda crisis del petróleo y la innovación continua

La segunda crisis del petróleo de 1979, desencadenada por la Revolución iraní, puso de manifiesto una vez más la vulnerabilidad de la industria automovilística a las crisis de los precios del petróleo y reforzó la necesidad de un avance tecnológico continuo. Este período catalizó una nueva ola de innovación a medida que los fabricantes de automóviles se esforzaban por satisfacer la continua demanda de una mejor economía de combustible y adaptarse a un entorno de mercado cada vez más competitivo.

Durante este tiempo, se realizaron avances significativos en la tecnología de los motores, en particular la integración de los sistemas de inyección electrónica de combustible (EFI), que reemplazaron a los sistemas de carburador más antiguos. La inyección electrónica de combustible mejoró la precisión de la entrega de combustible al motor, optimizando el consumo de combustible y mejorando la eficiencia del motor. Esta tecnología permitió un control más preciso sobre la mezcla de aire y combustible, reduciendo los residuos y las emisiones, al tiempo que mejoró el rendimiento y la capacidad de conducción.

Otra integración tecnológica importante fue la adopción de controles de motor computarizados. Estos sistemas, gestionados por ordenadores de a bordo conocidos como unidades de control del motor (ECU), marcaron un cambio sustancial en el diseño del automóvil. Las ECU podrían procesar datos de varios sensores en tiempo real, ajustando las operaciones del motor, como el tiempo de encendido y la inyección de combustible, para maximizar la eficiencia y el rendimiento. Esta era de la tecnología de conducción asistida por computadora no solo mejoró la eficiencia del combustible, sino que también ayudó a los fabricantes de automóviles a cumplir con las regulaciones de emisiones más estrictas que se estaban implementando en respuesta a las preocupaciones ambientales.

Impactos a largo plazo en la industria automotriz

La reflexión sobre los efectos a largo plazo de la crisis del petróleo en la industria automotriz revela un panorama profundamente transformado por estos acontecimientos históricos. Las crisis sirvieron como momentos cruciales que alteraron permanentemente las expectativas de los consumidores y las prioridades de los fabricantes, catalizando un cambio hacia la sostenibilidad que continúa influyendo en la industria en la actualidad.

La respuesta inmediata a la crisis del petróleo, un aumento en la demanda de vehículos de bajo consumo de combustible, estableció nuevos estándares en el diseño de automóviles y el comportamiento del consumidor. Con el tiempo, este cambio se expandió más allá de la mera eficiencia para abarcar preocupaciones ambientales más amplias, impulsando el interés en la reducción de emisiones y el impacto de los contaminantes automotrices en el cambio climático. Este cambio en los valores de los consumidores obligó a los fabricantes de automóviles a priorizar el desarrollo de tecnologías más limpias y sostenibles.

La crisis del petróleo sentó las bases para la innovación continua en la eficiencia del combustible y la exploración de sistemas de propulsión alternativos. Esto ha llevado a avances significativos en tecnologías híbridas, vehículos eléctricos (VE) y celdas de combustible de hidrógeno, cada uno de los cuales representa diferentes vías para reducir la dependencia de los combustibles fósiles. El desarrollo de estas tecnologías no es solo una respuesta a crisis pasadas, sino también un enfoque proactivo ante los desafíos futuros asociados con la seguridad energética y la sostenibilidad ambiental.

Estos impactos a largo plazo subrayan cómo las crisis del petróleo remodelaron fundamentalmente la industria automotriz, dirigiéndola hacia un futuro en el que la innovación en la eficiencia del combustible y la sostenibilidad son fundamentales para el desarrollo y la estrategia automotriz. Esta evolución continua refleja la adaptabilidad de la industria y su papel fundamental para abordar los desafíos energéticos y ambientales globales a medida que avanzamos en el siglo XXI.

Capítulo 7: La informatización y los automóviles: la revolución electrónica

Introducción: La transformación digital del automóvil

Este capítulo explora la profunda transformación del automóvil a través de la integración de la tecnología informática. A medida que los vehículos han incorporado componentes y sistemas electrónicos más sofisticados, la base misma de cómo se diseñan, fabrican y operan ha cambiado drásticamente. Esta transformación digital no solo ha mejorado el rendimiento, la seguridad y la experiencia del usuario de los vehículos, sino que también ha revolucionado el enfoque de la industria automotriz frente a los desafíos y las innovaciones.

La llegada de la tecnología digital a los automóviles ha permitido un nivel de precisión y eficiencia que antes no se podía alcanzar con sistemas puramente mecánicos. Las innovaciones clave en esta área han incluido todo, desde diagnósticos avanzados que predicen las necesidades de mantenimiento del vehículo hasta funciones de conducción autónoma que prometen redefinir la naturaleza misma de la conducción. El papel del software en los vehículos se ha vuelto central, y los automóviles modernos a menudo se describen como computadoras sobre ruedas. Este capítulo profundiza en estas innovaciones, examinando cómo han remodelado el panorama automotriz y lo que significan para el futuro del transporte.

El inicio de la electrónica automotriz

El viaje hacia la electrónica automotriz comenzó modestamente con la introducción de dispositivos electrónicos simples en las décadas de 1960 y 1970. Las primeras implementaciones, como los sistemas de encendido electrónico, reemplazaron los puntos mecánicos y los condensadores, ofreciendo más confiabilidad y un mejor rendimiento del motor a través de una sincronización más precisa de las bujías. Del mismo modo, la introducción de relojes digitales y otros dispositivos electrónicos a pequeña escala proporcionó a los conductores una mayor funcionalidad y comodidad, sentando las bases para sistemas más complejos.

Estos pasos iniciales fueron cruciales para establecer una base para la electrónica sofisticada que vendría después. Demostraron los beneficios potenciales de integrar soluciones electrónicas en los sistemas automotrices, allanando el camino para una fusión más profunda de la tecnología y la mecánica. Esta adopción temprana también ayudó a cultivar la experiencia en electrónica automotriz, lo que condujo a innovaciones que aprovecharían la tecnología cada vez más avanzada para mejorar las operaciones de los vehículos y las interfaces de usuario.

El microprocesador: una nueva era en la tecnología del automóvil

La adopción del microprocesador a finales de la década de 1970 y principios de la de 1980 marcó un punto de inflexión significativo en la tecnología automotriz, anunciando el comienzo de una nueva era en la que la electrónica comenzó a asumir funciones de control críticas dentro de los vehículos. La introducción de los microprocesadores permitió el control de una variedad de sistemas a través de unidades computarizadas, cambiando fundamentalmente el panorama del diseño y la funcionalidad automotriz.

Una de las aplicaciones más impactantes de la tecnología de microprocesadores fue en la gestión de sistemas de inyección de combustible. A diferencia de los carburadores, que gestionaban mecánicamente el flujo de combustible, los sistemas de inyección de combustible controlados por microprocesadores podían ajustar la mezcla de combustible y aire en tiempo real, optimizando la eficiencia de la combustión y mejorando significativamente tanto el rendimiento como el ahorro de combustible. Además, la capacidad de controlar con precisión la sincronización del motor y otras funciones críticas condujo a mejoras en la eficiencia, la reducción de emisiones y la confiabilidad general del vehículo.

Los microprocesadores también facilitaron la integración de las capacidades de diagnóstico, lo que permitió el monitoreo y la resolución de problemas de los sistemas del vehículo por vía electrónica. Esto no solo mejoró los procedimientos de mantenimiento, sino que también mejoró la seguridad al garantizar que los problemas potenciales pudieran identificarse y abordarse con prontitud.

La introducción e integración de microprocesadores en los automóviles ha tenido implicaciones de gran alcance, transformándolos de medios de transporte mecánicos a complejos sistemas electrónicos sobre ruedas. Este cambio no solo ha mejorado el rendimiento técnico, sino que también ha mejorado la experiencia general de conducción, sentando las bases para la innovación continua en un futuro cada vez más digital.

Avances en seguridad y eficiencia

La fiabilidad y la disminución del coste de los componentes electrónicos han permitido que sus aplicaciones en los automóviles se amplíen significativamente, lo que ha dado lugar a importantes avances tecnológicos que mejoran tanto la seguridad como la eficiencia de los vehículos. En esta sección se destacan los desarrollos clave, como los sistemas de frenos antibloqueo (ABS), los sistemas de control de tracción (TCS) y el control electrónico de estabilidad (ESC), que han mejorado fundamentalmente la experiencia de conducción al mejorar el control y la seguridad del vehículo.

Los sistemas de frenos antibloqueo (ABS) evitan que las ruedas se bloqueen durante una parada de emergencia, lo que permite al conductor mantener el control de la dirección, lo que puede ser crucial para evitar accidentes. Los sistemas de control de tracción (TCS) ayudan a evitar el patinaje de las ruedas durante la aceleración, especialmente en condiciones resbaladizas, lo que mejora la estabilidad del vehículo. El Control Electrónico de Estabilidad (ESC) es quizás el más significativo de estos avances; Detecta y reduce automáticamente la pérdida de tracción, lo que ayuda a evitar que el vehículo patine o vuelque. Estos sistemas trabajan juntos para garantizar que el vehículo responda de manera óptima en diversas condiciones de conducción, lo que reduce en gran medida el riesgo de accidentes.

Además de la seguridad, los avances en la tecnología de control de emisiones han sido impulsados por regulaciones ambientales cada vez más estrictas. Tecnologías como los convertidores catalíticos, que reducen las emisiones nocivas del sistema de escape, y los sistemas avanzados de gestión de combustible, que optimizan el rendimiento del motor para minimizar el consumo de combustible y las emisiones innecesarias, son ahora estándar. Estas tecnologías no solo cumplen con las demandas regulatorias, sino que también contribuyen a esfuerzos más amplios para reducir el impacto ambiental de la industria automotriz.

Infoentretenimiento y conectividad

Con la llegada de Internet y la informática móvil, el papel de los sistemas de infoentretenimiento en los vehículos ha evolucionado drásticamente. Desde las radios básicas y los reproductores de CD de décadas anteriores, los sistemas de infoentretenimiento para automóviles se han convertido en complejos centros que integran la navegación, la conectividad de teléfonos inteligentes y la transmisión de datos en tiempo real, transformando efectivamente el vehículo en un dispositivo móvil conectado.

Los sistemas de infoentretenimiento modernos ofrecen una amplia gama de características que incluyen grandes interfaces de pantalla táctil, capacidades de comando de voz y una integración perfecta con dispositivos móviles, lo que permite funciones como llamadas manos libres, navegación y servicios de transmisión. La navegación GPS ha sido particularmente transformadora, proporcionando a los conductores actualizaciones de tráfico en tiempo real, orientación de rutas y puntos de interés. La integración de estos sistemas en la consola central del vehículo no solo ha mejorado la comodidad del conductor, sino también la seguridad, al reducir las distracciones asociadas con el manejo de dispositivos durante la conducción.

El papel del software en los vehículos modernos

La creciente importancia del software en los vehículos modernos marca un cambio significativo en el diseño y la funcionalidad del automóvil. Los vehículos de hoy en día están equipados con un sofisticado software que controla varios aspectos de su funcionamiento, desde la gestión del motor hasta el control del clima. Esta integración de software se extiende más allá de las funcionalidades básicas para incluir características que mejoran la interacción del conductor con el vehículo, como interfaces de usuario personalizables y configuraciones de iluminación ambiental.

Uno de los aspectos revolucionarios del software automotriz moderno es la capacidad de recibir actualizaciones inalámbricas (OTA), similares a las de los teléfonos inteligentes. Esta capacidad permite a los fabricantes implementar actualizaciones de software de forma remota para corregir errores, mejorar las funcionalidades o incluso agregar nuevas características, lo que mejora la vida útil del vehículo y reduce la necesidad de visitas de servicio físico.

Además, el software ahora juega un papel crucial en la personalización de la experiencia de conducción, lo que permite a los conductores ajustar configuraciones como la posición del asiento, las preferencias climáticas y las opciones de entretenimiento, que se pueden guardar y recuperar para diferentes conductores en el mismo vehículo.

En conclusión, la integración de electrónica y software avanzados no solo ha mejorado la seguridad, la eficiencia y el rendimiento ambiental de los vehículos modernos, sino que también los ha transformado en plataformas sofisticadas, conectadas y personalizables. Esta evolución refleja las tendencias más amplias en tecnología y las expectativas de los consumidores, preparando el escenario para las innovaciones continuas en la industria automotriz.

Vehículos autónomos: la próxima frontera

El desarrollo de vehículos autónomos representa el pináculo de la informatización automotriz, incorporando la convergencia de múltiples tecnologías avanzadas, incluidos sensores, aprendizaje automático e inteligencia artificial. Esta sección profundiza en cómo estas tecnologías están impulsando la industria automotriz hacia la era de los automóviles autónomos, destacando tanto los avances tecnológicos como los desafíos que se avecinan.

Los vehículos autónomos dependen de sofisticados sistemas de sensores, como LiDAR (Light Detection and Ranging), cámaras, radares y sensores ultrasónicos, para percibir su entorno con alta precisión. Estos sensores recopilan grandes cantidades de datos que se procesan en tiempo real, lo que permite al vehículo tomar decisiones informadas sobre la navegación y la evitación de obstáculos. Los algoritmos de aprendizaje automático juegan un papel crucial en la interpretación de estos datos, lo que permite que el vehículo aprenda de las experiencias pasadas y mejore sus procesos de toma de decisiones con el tiempo.

A pesar del rápido progreso, siguen existiendo varios obstáculos tecnológicos. Entre ellas se encuentran la mejora de la fiabilidad de los sensores en condiciones meteorológicas adversas, la garantía de que los sistemas de IA puedan gestionar escenarios viales complejos e impredecibles y la reducción de los elevados costes asociados a estas tecnologías. Además, hay importantes consideraciones regulatorias y éticas que abordar, como definir la responsabilidad en caso de accidente y garantizar la privacidad y la seguridad en las comunicaciones de los vehículos.

Los posibles impactos sociales de los vehículos autónomos son profundos. Prometen reducir significativamente los accidentes de tráfico, la mayoría de los cuales actualmente son causados por errores humanos, y podrían revolucionar los sistemas de transporte al reducir la necesidad de tener un automóvil personal en favor de soluciones de movilidad compartida. Este cambio podría conducir a una disminución de la congestión urbana y menores emisiones, contribuyendo a ciudades más sostenibles.

Conclusión: La continua evolución de la electrónica automotriz

Al concluir esta exploración de la electrónica automotriz, está claro que la integración de la tecnología electrónica e informática sigue siendo una fuerza impulsora importante detrás de las innovaciones en la industria automotriz. Esta sección final reflexiona sobre cómo pueden evolucionar las tendencias actuales y qué innovaciones futuras podrían transformar aún más el panorama automotriz.

De cara al futuro, se vislumbran en el horizonte varios desarrollos interesantes. Los tableros de realidad aumentada (AR) son una de esas innovaciones, ya que ofrecen el potencial de mejorar la seguridad y la navegación del conductor al superponer información importante directamente en el parabrisas, minimizando así las distracciones. La comunicación de vehículo a vehículo (V2V) es otra área prometedora, que implica que los vehículos intercambien continuamente información sobre su velocidad y posición para evitar colisiones y optimizar el flujo de tráfico.

Además, el desarrollo de sistemas autónomos más sofisticados sigue avanzando. Se espera que estos sistemas evolucionen de ayudar a los conductores a asumir por completo la tarea de conducción en más escenarios, allanando el camino para vehículos totalmente autónomos. Junto con los avances técnicos, la industria automotriz también debe navegar por los cambiantes panoramas regulatorios y las actitudes sociales hacia estas tecnologías.

La evolución continua de la electrónica automotriz no solo destaca la naturaleza dinámica de la industria, sino que también subraya un cambio más amplio hacia vehículos más conectados, eficientes e inteligentes. A medida que la electrónica y la tecnología informática continúan avanzando, prometen generar más mejoras en el rendimiento, la seguridad y la experiencia del usuario de los vehículos, marcando una nueva y emocionante era en la historia del automóvil.

Capítulo 8: El fenómeno de los SUV y los camiones

Introducción: Un cambio en las preferencias de los consumidores

Este capítulo profundiza en el dramático aumento de la popularidad de los SUV y las camionetas, explorando cómo estos tipos de vehículos han evolucionado desde sus raíces utilitarias hasta convertirse en opciones convencionales que dominan los mercados automotrices de todo el mundo. El cambio en las preferencias de los consumidores hacia los vehículos más grandes es un fenómeno que ha remodelado el panorama automotriz, influyendo en el diseño de automóviles, las tendencias de economía de combustible e incluso la planificación urbana. Esta sección examina los factores multifacéticos que impulsan su adopción generalizada, incluidos los cambios en el estilo de vida, las percepciones de seguridad y la evolución de las necesidades familiares, al tiempo que considera su impacto más amplio en la cultura automotriz y el medio ambiente.

A medida que los SUV y las camionetas se convirtieron en vehículos familiares preferidos, comenzaron a ocupar un lugar más destacado en las elecciones de los consumidores, lo que refleja un cambio significativo en lo que los conductores valoran en sus opciones de transporte personal. Estos vehículos ofrecen un mayor espacio, seguridad percibida debido a su tamaño y altura, y una versatilidad que atrae a un amplio espectro de consumidores, desde familias urbanas hasta habitantes rurales que pueden requerir vehículos resistentes para terrenos difíciles. La evolución de las preferencias de los consumidores hacia estos tipos de vehículos más grandes revela mucho sobre las tendencias sociales contemporáneas, incluido un creciente deseo de lujo y comodidad combinados con la utilidad práctica.

Las raíces históricas de los SUV y las camionetas

Los orígenes del SUV y la camioneta modernos están profundamente arraigados en aplicaciones militares y agrícolas, donde la durabilidad, la utilidad y la capacidad todoterreno eran primordiales. Esta sección explora cómo los vehículos inicialmente diseñados para tareas militares y relacionadas con el trabajo se trasladaron gradualmente al mercado de consumo, dando forma al desarrollo de los SUV y camiones que conocemos hoy en día.

Un ejemplo icónico es el Jeep, desarrollado durante la Segunda Guerra Mundial, que personificaba la robustez y la versatilidad. Su capacidad para manejar una variedad de terrenos y condiciones lo hacían indispensable en el campo de batalla. Después de la guerra, las cualidades que hicieron que el Jeep fuera tan valioso en contextos militares se tradujeron bien en el uso civil, particularmente en entornos rurales y accidentados. Del mismo modo, los primeros camiones de trabajo, diseñados para transportar bienes y equipos en una variedad de entornos, sentaron una base práctica que atraería a los consumidores que necesitaban vehículos fiables y robustos tanto para el trabajo como para el uso personal.

Esta transición del uso especializado al atractivo general implicó adaptaciones significativas. Los fabricantes comenzaron a centrarse en aumentar la comodidad, el estilo y las características adicionales que harían que estos vehículos fueran más atractivos para un público más amplio. Sin embargo, los atributos principales (durabilidad, alto espacio libre y motores potentes) se mantuvieron integrales, continuando definiendo el segmento y apelando a la creciente preferencia de los consumidores por vehículos potentes y de gran capacidad.

Estas raíces históricas demuestran cómo los SUV y las camionetas evolucionaron de vehículos prácticos y toscos a símbolos de aventura, seguridad y confiabilidad, atrayendo a una amplia gama de consumidores y convirtiéndose en parte integral de la cultura automotriz en todo el mundo.

Las décadas de 1980 y 1990: el boom de los SUV

El aumento de la popularidad de los SUV durante las décadas de 1980 y 1990 representó un punto de inflexión significativo en las tendencias automotrices. Esta época fue testigo de una confluencia de factores económicos y sociales que impulsaron la demanda de estos vehículos más grandes y versátiles. Esta sección del capítulo examina cómo factores como los precios más bajos de la gasolina y el aumento de los ingresos contribuyeron a la locura de los SUV, junto con un cambio cultural hacia la valoración de la seguridad y la versatilidad en el transporte personal.

Durante este período, modelos clave como el Ford Explorer

y el Chevrolet Suburban se convirtieron en emblemáticos del auge de los SUV. Estos vehículos se comercializaron no solo como soluciones prácticas y orientadas a la familia, sino también como símbolos de un estilo de vida robusto y aventurero, un atractivo que resonó profundamente en un amplio segmento del público estadounidense. El Ford Explorer, presentado en 1990, se convirtió rápidamente en uno de los SUV más vendidos en los Estados Unidos, gracias a su combinación de amplitud, asequibilidad y seguridad percibida. Mientras tanto, el Chevrolet Suburban aprovechó su tamaño y versatilidad aún mayores, atrayendo a aquellos que necesitaban un vehículo capaz de transportar cargas significativas de pasajeros y carga.

Impacto cultural y atractivo para el consumidor

Los SUV y las camionetas han influido profundamente en el mercado automotriz y en la cultura popular en general, dando forma a las identidades de los consumidores en torno a los conceptos de seguridad, poder y libertad. Esta sección explora cómo estos vehículos han llegado a representar algo más que opciones prácticas de transporte: simbolizan un estilo de vida y un conjunto de valores que atraen a un amplio grupo demográfico.

Las estrategias de marketing empleadas por los fabricantes de automóviles han desempeñado un papel crucial en la formación de estas percepciones. Los anuncios a menudo muestran SUV y camionetas en entornos accidentados al aire libre, lo que refuerza su asociación con la durabilidad, la aventura y la independencia. Estas imágenes se conectan con un ethos cultural que valora la autosuficiencia y la dureza, rasgos que son muy apreciados en la sociedad estadounidense. Además, a medida que estos vehículos se han posicionado como más seguros debido a su tamaño y altura, se han vuelto particularmente atractivos para las familias, ampliando aún más su atractivo en el mercado.

Avances tecnológicos y características de lujo

Con la creciente demanda de SUV y camiones, los fabricantes de automóviles han enriquecido continuamente estos vehículos con características y tecnologías avanzadas que alguna vez fueron exclusivas de los sedanes de lujo. Esta parte del capítulo examina cómo la integración de comodidades de lujo y tecnologías de vanguardia ha hecho que los SUV y las camionetas sean más atractivos para un público más amplio.

Los SUV de lujo, por ejemplo, combinan las ventajas prácticas de los SUV tradicionales con características de alta gama como interiores de cuero, sistemas avanzados de infoentretenimiento y sistemas de sonido premium. Las características de seguridad mejoradas, como los sistemas de advertencia de colisión, el frenado automático de emergencia y el control de crucero adaptativo, también se han convertido en estándar en muchos modelos, lo que aumenta su atractivo para los consumidores preocupados por la seguridad.

Además, las mejoras en la eficiencia del combustible y la incorporación de tecnología todoterreno han ampliado la utilidad y la viabilidad ambiental de estos vehículos. Innovaciones como los sistemas de suspensión ajustables, la tecnología de gestión del terreno y las opciones de motor ecológicas ayudan a equilibrar los inconvenientes tradicionales de los SUV y las camionetas, como el bajo consumo de combustible y el impacto ambiental, lo que los hace adecuados para un mercado moderno y consciente del medio ambiente.

En general, la evolución de los SUV y las camionetas, que han pasado de ser caballos de batalla utilitarios a símbolos de lujo, seguridad y libertad, refleja cambios más amplios en las preferencias de los consumidores y los avances tecnológicos, lo que indica una nueva era en el diseño y la comercialización de automóviles.

Preocupaciones y críticas medioambientales

A pesar de su gran popularidad, los SUV y las camionetas no han estado exentos de detractores, especialmente en lo que respecta al impacto ambiental. Esta sección del capítulo aborda las críticas significativas que han recibido estos vehículos debido a su consumo de combustible típicamente más alto y mayores emisiones de CO2 en comparación con los automóviles más pequeños. El debate ambiental que rodea a los SUV y camionetas es multifacético e involucra el comportamiento del consumidor, las presiones regulatorias y las respuestas tecnológicas de los fabricantes.

A medida que ha aumentado la conciencia mundial sobre el cambio climático, también lo ha hecho el escrutinio de los vehículos que contribuyen significativamente a las emisiones de gases de efecto invernadero. Los SUV y los camiones, debido a sus motores más grandes y bastidores más pesados, suelen consumir más combustible y, como resultado, emiten más dióxido de carbono que los vehículos más pequeños. Esto ha llevado a los gobiernos de todo el mundo a implementar regulaciones de emisiones más estrictas, empujando a la industria automotriz hacia un futuro más sostenible.

En respuesta, los fabricantes se han visto obligados a innovar agresivamente. Los esfuerzos para mitigar el impacto ambiental de los SUV y las camionetas han llevado al desarrollo de modelos de estos vehículos más eficientes en el consumo de combustible, incluso híbridos y eléctricos. Estos modelos más nuevos están equipados con trenes motrices avanzados que reducen significativamente las emisiones y mejoran el ahorro de combustible sin comprometer el rendimiento, la seguridad y la versatilidad que los consumidores esperan de los SUV y las camionetas.

El futuro de los SUV y las camionetas

Mirando hacia el futuro, esta parte del capítulo especula sobre la trayectoria de los SUV y las camionetas en el contexto de la evolución de las preferencias de los consumidores, los avances tecnológicos y las estrictas políticas medioambientales mundiales. A medida que la demanda de sostenibilidad se hace más fuerte, la industria automotriz se enfrenta al desafío de reimaginar estas populares categorías de vehículos para alinearlas con los nuevos estándares y expectativas ecológicas.

Es probable que el futuro de los SUV y las camionetas se vea influenciado en gran medida por los continuos avances en la tecnología de los vehículos eléctricos, incluidas las mejoras en la duración de la batería y las reducciones en el tiempo de carga. Además, a medida que la tecnología de conducción autónoma se vuelve más frecuente, el diseño y la funcionalidad de los SUV y camiones pueden evolucionar para centrarse más en la experiencia del pasajero y menos en la dinámica de conducción tradicional. Los fabricantes también pueden explorar el uso de materiales más ligeros y sostenibles y una aerodinámica avanzada para reducir aún más la huella ambiental de estos vehículos.

Conclusión: La evolución continua de los SUV y las camionetas

El capítulo concluye reflexionando sobre el impacto sustancial que los SUV y las camionetas han tenido en el panorama automotriz. Estos vehículos no solo han moldeado las preferencias de los consumidores e impulsado la innovación tecnológica, sino que también han suscitado importantes debates medioambientales y respuestas políticas. Su duradera popularidad pone de manifiesto su importancia para los consumidores que valoran el espacio, la potencia y la versatilidad.

Sin embargo, a medida que el mundo avanza hacia prácticas más sostenibles, el futuro de los SUV y las camionetas se encuentra en una coyuntura crítica. La industria se enfrenta al reto de equilibrar las demandas de los consumidores con las responsabilidades medioambientales. Es probable que la evolución continua de estos vehículos continúe caracterizándose por avances en la eficiencia del combustible, la reducción de emisiones y la integración de tecnologías renovables. El camino a seguir implicará redefinir la esencia misma de lo que estos vehículos pueden ofrecer, transformándolos para satisfacer las demandas de un mundo que cambia rápidamente.

Capítulo 9: Revolución en el diseño: aerodinámica y más allá

Introducción: El arte y la ciencia del diseño automotriz

Este capítulo explora la fascinante evolución del diseño automotriz, un campo que combina de manera única el arte con la ingeniería. A medida que los automóviles se han convertido en una parte omnipresente de la vida moderna, el proceso de diseño ha evolucionado significativamente para satisfacer no solo las cambiantes preferencias estéticas de la sociedad, sino también los requisitos técnicos y ambientales cada vez más rigurosos. Un enfoque clave de esta evolución ha sido el papel de la aerodinámica en el diseño automotriz, que ejemplifica el intrincado equilibrio de forma y función que encarnan los vehículos modernos.

La interacción entre el atractivo estético y la destreza técnica en el diseño automotriz nunca ha sido más prominente. Los diseñadores e ingenieros deben tener en cuenta factores como la eficiencia, la seguridad, la capacidad de fabricación y el coste del vehículo, al tiempo que ofrecen diseños que cautiven a los consumidores y destaquen en un mercado abarrotado. Los avances en materiales y tecnología, junto con una comprensión más profunda de los principios aerodinámicos, han impulsado cambios significativos en la forma en que se diseñan los automóviles. Estos avances han permitido a los diseñadores crear vehículos que no solo son visualmente atractivos, sino que también tienen un mejor rendimiento en términos de velocidad, eficiencia de combustible e impacto ambiental.

Los primeros días de la aerodinámica automotriz

La integración de la aerodinámica en el diseño automotriz comenzó en serio a principios del siglo XX, marcando un cambio profundo en la forma en que se concebían los automóviles. Inicialmente, los principios aerodinámicos a menudo se consideraban secundarios al atractivo estético del automóvil, y muchos de los primeros automóviles presentaban diseños cuadrados y verticales que priorizaban el estilo sobre la eficiencia. Sin embargo, a medida que crecía la comprensión de la aerodinámica, impulsada en gran medida por los avances en la aviación, los diseñadores de automóviles comenzaron a incorporar estos principios en sus diseños.

Uno de los pioneros de este cambio fue Paul Jaray, un ingeniero que originalmente trabajó en la aerodinámica de los aviones. Jaray aportó sus conocimientos sobre la reducción de la resistencia del aire al campo de la automoción, abogando por diseños de coches que emularan las formas suaves y aerodinámicas de los aviones. Su trabajo condujo a algunos de los primeros autos diseñados teniendo en cuenta la aerodinámica, con formas de lágrima que minimizaban la resistencia y mejoraban la eficiencia del combustible. La influencia de Jaray fue fundamental, lo que llevó a una mayor aceptación y aplicación de los principios aerodinámicos en el diseño de automóviles.

Esta sección explora estas incursiones iniciales en el diseño aerodinámico, destacando cómo los primeros experimentos y diseñadores visionarios como Jaray sentaron las bases para la aerodinámica automotriz moderna. Estos primeros esfuerzos fueron cruciales para demostrar que la eficiencia de los vehículos podía mejorarse significativamente a través de modificaciones de diseño bien pensadas, preparando el escenario para que la aerodinámica se convirtiera en un aspecto fundamental de la ingeniería automotriz. Esta perspectiva histórica proporciona una base para comprender hasta qué punto la aerodinámica está integrada en el proceso de diseño de vehículos que son a la vez bellos y técnicamente avanzados.

Avances en el diseño aerodinámico

A mediados del siglo XX, la industria automotriz comenzó a reconocer el papel crítico de la aerodinámica no solo en la mejora del rendimiento del vehículo, sino también en la mejora de la eficiencia del combustible, una preocupación creciente en medio del aumento de los costos del combustible y la conciencia ambiental. Esta sección del capítulo se centra en los vehículos emblemáticos que representaron importantes avances en el diseño aerodinámico, estableciendo nuevos puntos de referencia para la industria.

Uno de esos vehículos fue el Chrysler Airflow, introducido en la década de 1930, que fue uno de los primeros en ser diseñado utilizando principios aerodinámicos para reducir significativamente la resistencia. Su diseño fue revolucionario para su época, con una forma redondeada y aerodinámica que contrastaba fuertemente con los diseños cuadrados típicos de la época. Otro ejemplo notable fue el

Tatra T87, conocido por su distintivo diseño de motor trasero y carrocería aerodinámica, que incluía una aleta trasera para estabilizar el automóvil a altas velocidades. Estos vehículos no solo demostraron el potencial del diseño aerodinámico para mejorar la eficiencia y la estabilidad, sino que también influyeron en las futuras generaciones de diseño automotriz.

El papel de los túneles de viento en el diseño de automóviles también es crucial en este contexto. Originalmente utilizados principalmente en la industria de la aviación, los túneles de viento permitieron a los diseñadores probar modelos a escala de vehículos y observar las fuerzas aerodinámicas que actúan sobre ellos. Esta capacidad revolucionó la forma en que se moldeaban y probaban los automóviles, proporcionando datos empíricos que podrían usarse para refinar diseños y mejorar el rendimiento y la eficiencia del combustible.

La integración de la tecnología y los materiales

Los avances tecnológicos y el desarrollo de nuevos materiales han ampliado drásticamente las posibilidades del diseño de automóviles. Esta sección explora cómo la introducción de materiales ligeros como el aluminio y la fibra de carbono ha revolucionado la industria automotriz al permitir diseños más innovadores y eficientes.

El aluminio, conocido por su resistencia y ligereza, se ha vuelto cada vez más popular para reducir el peso del vehículo, lo que contribuye directamente a mejorar la eficiencia y el rendimiento. La fibra de carbono, aunque más cara, ofrece una relación resistencia-peso aún mayor y se ha utilizado en vehículos de alto rendimiento y de lujo para mejorar la velocidad y la eficiencia del combustible sin comprometer la seguridad.

No se puede exagerar el papel del diseño asistido por ordenador (CAD) en el desarrollo de la automoción. La tecnología CAD ha permitido a los diseñadores e ingenieros crear formas más precisas y complejas, ampliando los límites de lo que es posible en el diseño de automóviles. Esta tecnología permite una amplia simulación y prueba de diseños antes de que se construyan los modelos físicos, lo que reduce los costos de desarrollo y el tiempo de comercialización. Además, CAD ha facilitado la personalización de los vehículos para satisfacer las demandas específicas de los consumidores, mejorando aún más la capacidad de la industria para adaptarse a las condiciones cambiantes del mercado.

En conjunto, estos avances en el diseño aerodinámico y la tecnología de materiales ilustran la profunda transformación de la industria automotriz desde mediados del siglo XX hasta la actualidad. Al adoptar estas innovaciones, los fabricantes de automóviles han podido producir vehículos que no solo son más atractivos estéticamente, sino que también tienen un mejor rendimiento en términos de velocidad, seguridad e impacto ambiental. Esta evolución continua subraya el compromiso de la industria para enfrentar el doble desafío de la demanda de los consumidores y los requisitos regulatorios.

La influencia de las carreras en los vehículos de consumo

Las carreras han sido durante mucho tiempo un catalizador fundamental para la innovación en la industria automotriz. Este entorno de alto rendimiento proporciona un campo de pruebas único y riguroso para el desarrollo y el perfeccionamiento de tecnologías que finalmente se abren camino en los vehículos de consumo. Esta sección del capítulo explora cómo las tecnologías desarrolladas inicialmente para la pista de carreras han transformado el rendimiento y la eficiencia de los automóviles cotidianos.

Una de las contribuciones más significativas del mundo de las carreras es el desarrollo de la aerodinámica activa. Esta tecnología, que ajusta los dispositivos aerodinámicos del vehículo en tiempo real en función de las condiciones de conducción, permite un rendimiento y una estabilidad óptimos. Originalmente diseñada para maximizar la carga aerodinámica y minimizar la resistencia en los autos de carreras, la aerodinámica activa se ha adaptado para vehículos de consumo de alto rendimiento, mejorando no solo la velocidad y el manejo, sino también la eficiencia del combustible al reducir la resistencia innecesaria a velocidades más bajas.

Otra innovación notable en las carreras es el uso de efectos de suelo. Estos implican el diseño de la parte inferior de la carrocería del automóvil para mejorar el agarre del vehículo en la pista a través de efectos aerodinámicos. Al administrar el flujo de aire debajo del automóvil para crear carga aerodinámica, los efectos del suelo estabilizan el vehículo a altas velocidades sin la necesidad de grandes alerones y alas externas, que pueden aumentar la resistencia. La integración de estas características en los vehículos de consumo ha dado lugar a diseños elegantes y eficientes, que ofrecen un mejor manejo y un menor consumo de combustible sin sacrificar la estética.

Aerodinámica moderna y eficiencia

En los últimos años, a medida que se ha intensificado el impulso global por la sostenibilidad, la aerodinámica se ha convertido en un enfoque clave en el diseño de automóviles, con el objetivo de mejorar la eficiencia del combustible y reducir las emisiones. En esta sección del capítulo se examinan las últimas tendencias y avances tecnológicos que reflejan este cambio.

Los vehículos modernos cuentan cada vez más con siluetas refinadas diseñadas para cortar el aire con una resistencia mínima. La optimización de la forma del automóvil es un aspecto fundamental del diseño aerodinámico, que implica ajustes meticulosos en el exterior del vehículo que reducen la resistencia y mejoran la eficiencia del combustible. Tecnologías como el revestimiento de los bajos de la carrocería agilizan aún más el flujo de aire bajo el vehículo, reduciendo las turbulencias y la resistencia que pueden conducir a un mayor consumo de combustible.

Otra característica innovadora que se encuentra cada vez más en los automóviles modernos son las persianas de parrilla activas. Estos obturadores permanecen abiertos cuando el motor necesita enfriarse, como durante la conducción en la ciudad o en climas cálidos, y se cierran automáticamente durante la conducción en carretera para reducir la resistencia. Este mecanismo simple pero efectivo puede mejorar significativamente la eficiencia aerodinámica de un vehículo y reducir el consumo de combustible.

El enfoque en la aerodinámica en el diseño automotriz contemporáneo no se trata simplemente de mejorar la eficiencia; También se trata de responder a los desafíos ambientales. A medida que las regulaciones sobre emisiones se vuelven más estrictas y las preferencias de los consumidores cambian hacia vehículos más ecológicos, el papel de la aerodinámica en la reducción del impacto ambiental de la conducción se vuelve cada vez más crucial. Los avances continuos en este campo son testimonio del compromiso de la industria automotriz de combinar el alto rendimiento con la sostenibilidad, asegurando que los vehículos no solo funcionen mejor, sino que también contribuyan menos a la contaminación.

Mirando hacia el futuro: diseños en evolución para nuevos sistemas de propulsión

A medida que la industria automotriz adopta los trenes motrices eléctricos e híbridos, los paradigmas de diseño tradicionales están experimentando transformaciones significativas. Esta sección del capítulo explora las implicaciones de estos cambios para la arquitectura de los vehículos y especula sobre el potencial de innovaciones radicales en el diseño de automóviles.

El paso de los motores de combustión interna a los sistemas

eléctricos e híbridos es profundo, no solo por los beneficios medioambientales, sino también por las oportunidades de diseño que presenta. Los motores eléctricos son más compactos y se pueden colocar de manera diferente en comparación con los motores tradicionales. Esta flexibilidad permite nuevos diseños de vehículos e interiores más espaciosos, lo que podría alterar el diseño fundamental de los automóviles. Por ejemplo, la ausencia de un gran bloque de motor y componentes del tren motriz puede conducir al desarrollo de plataformas de "monopatín", donde las baterías y los motores se montan bajos y planos, lo que reduce significativamente el centro de gravedad del vehículo y mejora su estabilidad.

Además, este cambio permite a los diseñadores replantearse el diseño frontal del vehículo, ya que ya no son necesarias grandes rejillas para la refrigeración del motor. Este cambio podría conducir a unos frontales más suaves y aerodinámicos que mejoren la aerodinámica y la eficiencia. Además, el mayor uso de sistemas de propulsión eléctricos permite un mayor espacio en la cabina y configuraciones interiores variables, lo que ofrece nuevas posibilidades para la comodidad de los pasajeros y la funcionalidad del vehículo que antes estaban limitadas por componentes mecánicos.

Conclusión: La continua evolución del diseño

Este capítulo concluye reflexionando sobre la evolución entrelazada del diseño y la tecnología automotriz, una dinámica que se ve continuamente moldeada por las preferencias estéticas cambiantes, los avances tecnológicos y las consideraciones ambientales. A medida que avanzamos, está claro que tanto el diseño como la tecnología en el sector de la automoción seguirán evolucionando en respuesta a estos factores determinantes.

La integración de tecnologías emergentes como la realidad virtual (RV) y la inteligencia artificial (IA) promete revolucionar aún más el diseño de automóviles. La realidad virtual puede mejorar significativamente el proceso de diseño en sí, lo que permite a los ingenieros y diseñadores experimentar con las estructuras y características de los vehículos en un entorno completamente inmersivo antes de que se construya cualquier modelo físico. Esto puede conducir a que los diseños más innovadores y refinados se desarrollen de manera más eficiente.

La IA, por otro lado, está destinada a transformar la forma en que los vehículos interactúan con los usuarios y su entorno. La IA puede ayudar a crear interfaces de usuario más intuitivas y vehículos más sensibles, adaptándose a las necesidades y preferencias del conductor. Además, la IA puede desempeñar un papel crucial en el avance de las tecnologías de conducción autónoma, lo que influirá aún más en el diseño de los vehículos, especialmente en términos de diseño interior y funcionalidad.

A medida que el diseño automotriz continúa evolucionando, sin duda seguirá el ritmo de los avances tecnológicos, las demandas regulatorias de sostenibilidad y las expectativas cambiantes de los consumidores. El futuro del diseño automotriz no se trata solo de estética o rendimiento, sino de crear una integración armoniosa de forma, función y tecnología que satisfaga las necesidades del mundo del mañana. Esta evolución continua es una frontera emocionante para la innovación, que ofrece una visión de un futuro en el que el diseño y la tecnología continúan ampliando los límites de lo que es posible en la ingeniería automotriz.

Capítulo 10: Volverse verde: vehículos híbridos y eléctricos

Introducción: El regreso de los vehículos eléctricos

Este capítulo explora el notable resurgimiento de los vehículos eléctricos (VE) en el panorama automovilístico contemporáneo. Después de décadas de dominio de los motores de combustión interna, la propulsión eléctrica está experimentando un renacimiento, impulsada por los avances tecnológicos, así como por las crecientes presiones ambientales y económicas. El capítulo profundiza en los innumerables factores que han contribuido a este renovado interés en los vehículos eléctricos, examinando cómo las innovaciones tecnológicas, la mayor conciencia ambiental y la dinámica económica cambiante están impulsando a los vehículos eléctricos de productos de nicho a soluciones de transporte convencionales.

A medida que las sociedades de todo el mundo se enfrentan a la urgente necesidad de reducir las emisiones de carbono y minimizar la dependencia de los combustibles fósiles, los vehículos eléctricos ofrecen una alternativa prometedora que se alinea con estos objetivos ambientales. Además, las mejoras en la tecnología de las baterías, la reducción de los costes de producción y el amplio apoyo político han hecho que los vehículos eléctricos sean más accesibles y atractivos que nunca para una gama más amplia de consumidores. Esta sección prepara el escenario para explorar cómo el panorama en evolución de la movilidad global está favoreciendo cada vez más a los vehículos eléctricos, lo que subraya el importante papel que están preparados para desempeñar en la configuración del transporte del futuro.

Historia temprana de los vehículos eléctricos

El capítulo comienza rastreando los orígenes de los vehículos eléctricos, que se remontan a los primeros días del automóvil. A finales del siglo XIX y principios del XX, los vehículos eléctricos eran más frecuentes que sus homólogos de gasolina, apreciados por su funcionamiento silencioso, la ausencia de humos nocivos y la facilidad de uso, atributos que los hicieron especialmente populares entre los habitantes urbanos. A diferencia de los coches de gasolina, que requerían un esfuerzo manual para arrancar y eran conocidos por su falta de fiabilidad y sus motores ruidosos y sucios, los coches eléctricos ofrecían una alternativa más limpia y refinada.

Sin embargo, la promesa inicial de los vehículos eléctricos se vio truncada por importantes limitaciones. Los primeros vehículos eléctricos se vieron obstaculizados por la escasa duración de la batería y la limitada autonomía, lo que hacía que los viajes de larga distancia fueran poco prácticos. Además, la falta de infraestructura eléctrica suficiente para soportar estaciones de carga generalizadas restringió aún más su usabilidad. A medida que el motor de combustión interna avanzó rápidamente, ofreciendo un mayor alcance y potencia, junto con las técnicas de producción en masa iniciadas por Henry Ford, los vehículos de gasolina se volvieron rápidamente más económicos y convenientes, lo que llevó al declive de los vehículos eléctricos en la primera mitad del siglo XX.

En esta sección se analizan estos primeros desafíos y se establece el contexto para comprender el declive posterior y el eventual resurgimiento de los vehículos eléctricos. Destaca los obstáculos tecnológicos y de infraestructura que inicialmente obstaculizaron la adopción de la propulsión eléctrica y examina cómo se han abordado estos problemas a lo largo de las décadas, preparando el escenario para la era moderna de la movilidad eléctrica.

Los catalizadores modernos del cambio

A finales del siglo XX y principios del XXI se produjo un punto de inflexión fundamental para los vehículos eléctricos (VE), impulsados por una confluencia de factores tecnológicos, medioambientales y económicos. Esta sección del capítulo examina los catalizadores modernos que han impulsado el resurgimiento del interés por los vehículos eléctricos, centrándose en los importantes avances tecnológicos, las crecientes preocupaciones medioambientales y los fluctuantes costes del petróleo.

Uno de los avances tecnológicos más importantes ha sido el desarrollo de las baterías de iones de litio. Estas baterías ofrecen una densidad de energía superior, una vida útil más larga y una mayor eficiencia en comparación con los tipos de baterías más antiguos, como el plomo-ácido o el níquel-hidruro metálico. Este avance ha ampliado significativamente la gama de vehículos eléctricos al tiempo que ha reducido el peso y los requisitos de mantenimiento, abordando una de las principales limitaciones que anteriormente habían reducido el atractivo de los vehículos eléctricos.

En medio de la creciente conciencia sobre los problemas ambientales, en particular el calentamiento global y la contaminación del aire, ha habido un creciente impulso de los consumidores, los gobiernos y las organizaciones ambientales para opciones de transporte más limpias. Este cambio en los valores sociales ha aumentado la demanda de vehículos que puedan funcionar sin emitir contaminantes.

El aspecto económico, en particular la volatilidad de los precios del petróleo, también ha desempeñado un papel crucial. A medida que los precios del petróleo han fluctuado, a menudo aumentando drásticamente, el caso económico de los vehículos eléctricos se ha vuelto más convincente. Esto es especialmente cierto ya que el costo a largo plazo de poseer un vehículo eléctrico, considerando el combustible y el mantenimiento, tiende a ser más bajo que el de los vehículos de gasolina.

La introducción del Toyota Prius, el primer automóvil híbrido producido en serie, marcó un hito importante en la aceptación de los vehículos electrificados. Lanzado en 1997, el Prius combinaba un motor de gasolina con un motor eléctrico, ofreciendo una mayor eficiencia de combustible y emisiones reducidas en comparación con los vehículos convencionales. Su éxito allanó el camino para que otros fabricantes de automóviles exploraran modelos híbridos y totalmente eléctricos.

Modelos innovadores y aceptación en el mercado

En esta parte del capítulo se destacan los modelos eléctricos e híbridos revolucionarios que han influido significativamente en las percepciones del público y de la industria sobre los vehículos eléctricos. Estos modelos han demostrado que los vehículos eléctricos pueden proporcionar no solo beneficios ambientales, sino también un alto rendimiento y un diseño atractivo.

El Tesla Roadster, presentado en 2008, cambió las reglas del juego en la industria de los vehículos eléctricos. Como el primer automóvil totalmente eléctrico de producción en serie legal en carretera en usar celdas de batería de iones de litio, el Roadster rompió la noción preconcebida de que los autos eléctricos eran lentos y poco atractivos. Su impresionante rendimiento y diseño elegante ayudaron a cambiar la percepción pública y demostraron que los vehículos eléctricos podían competir con los autos deportivos tradicionales de alto rendimiento.

Después del Roadster, el Model S de Tesla consolidó aún más la viabilidad de los vehículos eléctricos en el mercado automotriz más amplio. Presentado en 2012, el Model S ofrecía una combinación de lujo, autonomía y rendimiento que no se había visto antes en el mercado de los vehículos eléctricos. Su éxito ha sido un factor importante en la amplia aceptación y entusiasmo en torno a los vehículos eléctricos en la actualidad.

Otros modelos importantes son el Nissan Leaf y el Chevrolet

Volt. El Nissan Leaf, presentado en 2010, se convirtió en uno de los autos eléctricos más vendidos de todos los tiempos en el mundo, ofreciendo una opción asequible y totalmente eléctrica que atrajo al consumidor promedio. El Chevrolet Volt, un híbrido enchufable lanzado en 2010, brindó a los consumidores la seguridad adicional de un motor de gasolina para una mayor autonomía, lo que lo convierte en una opción atractiva para aquellos que desconfían de la "ansiedad por la autonomía".

Estos modelos no solo han ayudado a transformar las percepciones de los consumidores, sino que también han estimulado a los fabricantes de automóviles de todo el mundo a invertir fuertemente en tecnología de vehículos eléctricos, lo que ha llevado a un mercado en rápido crecimiento con ofertas cada vez más diversas. A medida que estos vehículos ganan aceptación en el mercado, continúan influyendo en la dirección futura de la industria automotriz, lo que indica un cambio hacia soluciones de transporte más sostenibles e innovadoras.

Desafíos e innovaciones en la tecnología de vehículos eléctricos

A pesar de los importantes avances en el desarrollo de vehículos eléctricos (VE), varios desafíos persistentes continúan obstaculizando su adopción más amplia. Esta sección del capítulo explora estos desafíos, que incluyen la ansiedad por la autonomía, los altos costos iniciales y las limitaciones en la infraestructura de carga. También profundiza en las innovaciones en curso que tienen como objetivo abordar estos problemas, mejorando así la viabilidad y el atractivo de los vehículos eléctricos.

La ansiedad por la autonomía, el miedo a que un vehículo eléctrico no tenga suficiente carga para llegar a su destino, sigue siendo una gran preocupación para los posibles compradores de vehículos eléctricos. Para combatir esto, la industria y la academia se centran en desarrollar baterías con densidades de energía más altas y vida útil más larga. Las innovaciones en la tecnología de baterías no solo tienen como objetivo aumentar la autonomía de los vehículos eléctricos por carga, sino que también están avanzando en la reducción de los tiempos de carga, haciéndolos comparables al tiempo que se tarda en repostar un vehículo de gasolina convencional.

Las tecnologías de carga más rápidas son fundamentales en este sentido. Avances como las estaciones de carga ultrarrápida pueden recargar la batería de un vehículo eléctrico al 80% de su capacidad en solo 30 minutos o menos. Además, las estaciones de intercambio de baterías presentan una solución alternativa, ya que ofrecen una forma de reemplazar una batería agotada por una completamente cargada en cuestión de minutos, aunque esto requiere estandarización en todos los modelos y fabricantes.

Las mejoras en la densidad y longevidad de la batería también son cruciales. Los nuevos materiales y los diseños innovadores de las baterías prometen no solo una mayor autonomía, sino también tasas de recarga más rápidas y una vida útil total más larga, lo que podría compensar significativamente los altos costes iniciales asociados a los vehículos eléctricos.

El papel del gobierno y los incentivos

Las políticas e incentivos gubernamentales han sido fundamentales para promover la adopción de vehículos eléctricos. En esta parte del capítulo se examina cómo diferentes gobiernos de todo el mundo han implementado diversas estrategias para animar a los consumidores y fabricantes a avanzar hacia la movilidad eléctrica.

En muchos países, existen exenciones fiscales, subsidios y subvenciones para reducir el costo inicial de la compra de un vehículo eléctrico, lo que lo convierte en una opción más atractiva para los consumidores. Por ejemplo, los compradores de vehículos eléctricos a menudo reciben reembolsos significativos o reducciones de impuestos, que abordan directamente el problema de los altos costos iniciales.

Además, muchos gobiernos han establecido regulaciones estrictas sobre emisiones que fomentan la adopción de tecnologías más limpias. Estas regulaciones a menudo hacen que sea más costoso producir y poseer vehículos que no cumplan con ciertos estándares ambientales, lo que inclina el mercado a favor de los vehículos eléctricos e híbridos.

El desarrollo de infraestructuras es otra área crítica en la que la acción gubernamental está influyendo en la adopción de vehículos eléctricos. Se están realizando importantes inversiones en la ampliación y mejora de la infraestructura de carga, lo que hace que sea más conveniente para las personas cargar sus vehículos eléctricos. Los gobiernos también están desempeñando un papel en el desarrollo de estaciones de carga públicas y están incorporando requisitos para las capacidades de carga de vehículos eléctricos en nuevos desarrollos residenciales y comerciales.

El impacto de estas acciones gubernamentales es claro en las tasas de adopción de vehículos eléctricos, que han experimentado un aumento significativo en países con fuertes programas de incentivos y políticas de apoyo. Esta sección destaca cómo el apoyo gubernamental es crucial no solo para facilitar la transición actual hacia la movilidad eléctrica, sino también para sostener su crecimiento y garantizar cambios a largo plazo en el comportamiento de los consumidores y las prácticas de la industria. Estos esfuerzos son fundamentales para dar forma a un futuro en el que los vehículos eléctricos sean una opción estándar para el transporte, alineados con objetivos ambientales y estrategias energéticas más amplios.

Los vehículos eléctricos y el medio ambiente

El impacto ambiental de los vehículos eléctricos (VE) es un aspecto crucial de su atractivo y potencial para una adopción generalizada. Esta sección del capítulo explora las complejas consideraciones ambientales que rodean a los vehículos eléctricos, destacando no solo la conocida reducción de las emisiones del tubo de escape, sino también profundizando en las emisiones del ciclo de vida, que incluyen la producción y eliminación de baterías.

Si bien los vehículos eléctricos producen cero emisiones del tubo de escape, es esencial considerar todo el ciclo de vida del vehículo para comprender su impacto ambiental general. Esto incluye la extracción de materias primas para las baterías, la energía utilizada en el proceso de fabricación y la eliminación o reciclaje al final de la vida útil del vehículo y sus componentes. La producción de baterías, en particular las baterías de iones de litio, implica una importante extracción de recursos y puede generar emisiones considerables. Sin embargo, los avances en la tecnología de las baterías y los métodos de reciclaje están mitigando gradualmente estos impactos.

Además, el potencial de los vehículos eléctricos para funcionar con fuentes de energía renovables mejora significativamente sus beneficios ambientales. Si se cargan con electricidad derivada de fuentes renovables como la solar, la eólica o la hidroeléctrica, la huella de carbono de los vehículos eléctricos puede reducirse drásticamente, acercándose a una solución de transporte verdaderamente sostenible.

Mirando hacia el futuro: el futuro de la movilidad eléctrica

A medida que miramos hacia el futuro de la movilidad eléctrica, esta sección del capítulo especula sobre los posibles avances tecnológicos, las tendencias de los mercados emergentes y los cambios en el panorama regulatorio que podrían dar forma a la próxima generación de vehículos eléctricos. El desarrollo continuo de la tecnología de baterías promete ampliar la autonomía, reducir los costes y disminuir los tiempos de carga, lo que hace que los vehículos eléctricos sean aún más competitivos con los vehículos tradicionales con motor de combustión interna.

Además, el capítulo considera la evolución del entorno regulatorio, que favorece cada vez más a los vehículos de bajas emisiones. Muchos países están implementando estándares de emisiones más estrictos y, en algunos casos, estableciendo plazos para la eliminación gradual de la venta de automóviles nuevos de gasolina y diésel. Es probable que estas regulaciones aceleren el cambio hacia la movilidad eléctrica.

También se exploran brevemente las perspectivas de las pilas de combustible de hidrógeno y otras fuentes de energía alternativas. Las pilas de combustible de hidrógeno, que producen electricidad a través de una reacción química entre el hidrógeno y el oxígeno, ofrecen otra prometedora tecnología de cero emisiones. Aunque actualmente está menos desarrollado que los vehículos eléctricos de batería, el hidrógeno podría desempeñar un papel importante en sectores donde las baterías son menos prácticas, como el transporte de larga distancia y las industrias pesadas.

Conclusión: Hacia un futuro más verde

El resurgimiento de los vehículos eléctricos es un elemento fundamental en el movimiento más amplio hacia el transporte sostenible. La parte final del capítulo reflexiona sobre cómo el camino hacia la movilidad eléctrica se entrelaza con los esfuerzos globales para combatir el cambio climático y reducir la dependencia de los combustibles fósiles.

La innovación continua en la tecnología de los vehículos eléctricos y las políticas gubernamentales de apoyo se consideran fundamentales para superar las barreras restantes para la adopción generalizada. A medida que la infraestructura mejora y la tecnología avanza, se espera que las tasas de adopción de vehículos eléctricos aumenten, contribuyendo significativamente a la reducción de las emisiones globales de gases de efecto invernadero.

El capítulo concluye haciendo hincapié en que el futuro del transporte no se trata solo de adoptar nuevas tecnologías, sino también de cambiar el comportamiento de los consumidores y el panorama político. Con la combinación adecuada de innovación, regulación y dinámica del mercado, la transición a la movilidad eléctrica puede conducir a un futuro más verde y sostenible para todos.

Capítulo 11: Autonomía en la carretera: el coche autónomo

Introducción: El impulso hacia la autonomía

Este capítulo profundiza en el desarrollo revolucionario de la tecnología de vehículos autónomos, una frontera en la innovación automotriz que promete alterar radicalmente nuestras relaciones con el transporte. La llegada de los coches autónomos no es solo un salto tecnológico, sino también una posible transformación social, que influye en la forma en que nos desplazamos, en la planificación de las ciudades y en la gestión del tráfico. Explora los hitos tecnológicos que han marcado el progreso de los vehículos autónomos, junto con los obstáculos regulatorios y los dilemas éticos que acompañan a este cambio.

La tecnología de vehículos autónomos fusiona varios campos avanzados, como la inteligencia artificial, la robótica y la tecnología de sensores, para crear sistemas capaces de navegar sin intervención humana. Esta integración plantea importantes retos y oportunidades, desde garantizar la seguridad y la fiabilidad hasta redefinir los marcos legales y los modelos de seguros. El capítulo tiene como objetivo proporcionar una visión general de la situación actual de esta tecnología y de lo que podría significar para el futuro del transporte.

Primeros experimentos y fundamentos teóricos

El camino hacia los vehículos autónomos ha sido allanado por décadas de investigación y experimentación, gran parte de ella respaldada por iniciativas gubernamentales e instituciones académicas. Esta sección del capítulo explora los primeros experimentos y trabajos teóricos que han formado la base de las tecnologías actuales de vehículos autónomos.

Uno de los hitos más significativos en el desarrollo de la conducción autónoma fue la serie de competiciones conocidas como DARPA Grand Challenges. Patrocinados por la Agencia de Proyectos de Investigación Avanzada de Defensa de los Estados Unidos, estos desafíos fueron diseñados para fomentar la innovación en tecnologías de vehículos autónomos y acelerar el desarrollo de vehículos militares autónomos. El primero de estos desafíos, celebrado en 2004, invitó a los equipos a diseñar vehículos que pudieran navegar por un recorrido desértico de 142 millas. Aunque ningún vehículo completó el curso ese año, el desafío despertó un interés generalizado y la inversión en la investigación de vehículos autónomos.

Los desafíos posteriores en 2005 y 2007 vieron mejoras notables, con vehículos completando entornos urbanos complejos en condiciones de tráfico simuladas. Estas competencias no solo superaron los límites de lo que las tecnologías autónomas podían lograr, sino que también ayudaron a establecer una comunidad de investigadores, ingenieros y empresarios dedicados a avanzar en este campo.

Estos primeros experimentos fueron fundamentales no solo para avanzar en la tecnología en sí, sino también para demostrar el potencial de los vehículos autónomos a un público más amplio. Proporcionaron el impulso para aumentar la financiación, la investigación y el interés comercial en las tecnologías de conducción autónoma, preparando el escenario para los rápidos avances que vendrían después.

La sección destaca cómo estos esfuerzos fundamentales han evolucionado con el tiempo y cómo continúan influyendo en el desarrollo de los vehículos autónomos. Desde los laboratorios universitarios hasta las nuevas empresas tecnológicas, el legado de estos primeros experimentos se ve en el impulso continuo para superar los desafíos técnicos, regulatorios y éticos que se interponen en el camino del transporte totalmente autónomo.

Habilitadores tecnológicos de los vehículos autónomos

Este segmento del capítulo profundiza en las tecnologías básicas que sustentan el desarrollo de los vehículos autónomos, dilucidando cómo estas innovaciones permiten colectivamente que los automóviles naveguen y operen sin intervención humana. En el corazón de la conducción autónoma se encuentra una sofisticada fusión de tecnologías de sensores, inteligencia artificial y sistemas de visión por computadora, todos meticulosamente diseñados para percibir el entorno, analizar datos y tomar decisiones en tiempo real.

Una de las tecnologías fundamentales destacadas es LIDAR (Light Detection and Ranging), un método de teledetección que utiliza láseres para medir las distancias a los objetos y generar mapas 3D precisos del entorno. El radar y las cámaras complementan el LIDAR al proporcionar datos adicionales sobre el entorno del vehículo, como la detección de objetos cercanos, la identificación de marcas de carril y la interpretación de las señales de tráfico.

Sin embargo, la verdadera magia ocurre en el ámbito del software, donde algoritmos complejos para el aprendizaje automático y la visión por computadora procesan esta gran cantidad de datos de sensores en tiempo real. Estos algoritmos analizan patrones, identifican obstáculos, predicen movimientos y toman decisiones en fracciones de segundo, imitando los procesos cognitivos humanos para garantizar una navegación segura y eficiente.

La sección concluye ilustrando cómo la sinergia de estas tecnologías forma la columna vertebral de los sistemas de conducción autónoma, marcando el comienzo de una nueva era del transporte en la que los vehículos pueden percibir, interpretar y responder a su entorno con una precisión y eficiencia sin precedentes.

La evolución de los niveles de autonomía

La Sociedad de Ingenieros Automotrices (SAE) ha establecido un marco estandarizado para categorizar los niveles de autonomía de los vehículos, que van desde el

Nivel 0 (sin automatización) hasta el Nivel 5 (automatización completa). Esta parte del capítulo dilucida cada nivel de autonomía, ofreciendo información sobre las capacidades y limitaciones de los vehículos en cada etapa de la autonomía.

En el Nivel 0, los vehículos dependen completamente de conductores humanos para todos los aspectos de la operación, sin ningún tipo de automatización. A medida que la autonomía avanza a través de los niveles, desde el Nivel 1 (Asistencia al conductor) hasta el Nivel 2 (Automatización parcial), los vehículos obtienen características cada vez más avanzadas, como el control de crucero adaptativo y la asistencia de mantenimiento de carril, que brindan asistencia limitada al conductor pero aún requieren supervisión humana.

Subiendo en la escala de autonomía, los niveles 3 (Automatización condicional) y 4 (Alta automatización) representan hitos significativos, en los que los vehículos pueden asumir el control de tareas de conducción específicas bajo ciertas condiciones, aunque con la expectativa de que los conductores humanos permanezcan disponibles para intervenir cuando sea necesario. Finalmente, en el Nivel 5 (Automatización Completa), los vehículos alcanzan una autonomía completa, capaces de navegar y operar de manera segura en todas las condiciones sin ninguna intervención humana.

La sección proporciona ejemplos concretos de tecnologías y sistemas actuales que se alinean con cada nivel de autonomía, ofreciendo a los lectores una comprensión completa de la progresión gradual hacia vehículos totalmente autónomos. Subraya la importancia de este viaje evolutivo para remodelar el futuro del transporte y subraya el potencial transformador de las tecnologías de conducción autónoma.

Líderes e innovadores del mercado

En la carrera hacia el desarrollo de vehículos autónomos, varias empresas automotrices y tecnológicas destacadas se han convertido en pioneras, encabezando la innovación y dando forma a la trayectoria de la industria. Esta sección ofrece una mirada más cercana a actores clave como Waymo, Tesla y Uber, iluminando sus estrategias distintivas, avances tecnológicos y contribuciones al panorama de la conducción autónoma.

Waymo: Como subsidiaria de conducción autónoma de Alphabet Inc. (la empresa matriz de Google), Waymo se encuentra a la vanguardia de la tecnología de conducción autónoma. Reconocido por sus extensas pruebas y la implementación de vehículos autónomos en el mundo real, el enfoque de Waymo enfatiza un conjunto integral de sensores, algoritmos avanzados de IA y rigurosos protocolos de seguridad. A través de asociaciones y colaboraciones estratégicas, Waymo continúa ampliando los límites de la movilidad autónoma, con el objetivo de llevar los autos autónomos a las masas.

Tesla: La incursión de Tesla en la conducción autónoma se caracteriza por su ambiciosa visión y su incesante búsqueda de la innovación. Aprovechando su vasta flota de vehículos equipados con sistemas avanzados de asistencia al conductor (ADAS) y actualizaciones de software inalámbricas, Tesla ha acumulado una gran cantidad de datos del mundo real para refinar sus capacidades de conducción autónoma. La función de piloto automático de la compañía, junto con su paquete Full Self-Driving (FSD), representa un paso significativo para lograr la autonomía total, aunque en medio del escrutinio regulatorio y las preocupaciones de seguridad.

Uber: Reconocido como pionero en los servicios de transporte, Uber también ha logrado avances significativos en la tecnología de vehículos autónomos. A través de su Grupo de Tecnologías Avanzadas (ATG), Uber ha invertido mucho en el desarrollo de tecnología de conducción autónoma, con un enfoque en la integración de sensores, algoritmos de aprendizaje automático e infraestructura de mapeo. Si bien enfrenta desafíos como contratiempos regulatorios e incidentes de seguridad, Uber mantiene su compromiso de avanzar en soluciones de movilidad autónoma y remodelar el futuro del transporte urbano.

Además, esta sección arroja luz sobre el panorama dinámico de las colaboraciones entre los fabricantes de automóviles tradicionales y los gigantes tecnológicos. Asociaciones como la alianza entre Ford y Argo AI, la colaboración de General Motors con Cruise Automation y la asociación de Volkswagen con Aurora subrayan los esfuerzos sinérgicos entre los operadores automotrices y los disruptores innovadores para acelerar el desarrollo y el despliegue de vehículos autónomos.

Al perfilar a estos líderes e innovadores del mercado, la sección ofrece a los lectores una comprensión matizada de los diversos enfoques y colaboraciones que impulsan la evolución de la tecnología de vehículos autónomos. Subraya el papel fundamental de la colaboración, la innovación y la visión estratégica para hacer realidad el potencial transformador de la movilidad autónoma.

Desafíos regulatorios y éticos

El advenimiento de los vehículos autónomos ha traído consigo una miríada de dilemas regulatorios y éticos, que requieren una cuidadosa consideración y deliberación. Esta sección profundiza en los desafíos multifacéticos que rodean el despliegue y la regulación de los automóviles autónomos, arrojando luz sobre el panorama regulatorio actual y los dilemas éticos inherentes a la conducción autónoma.

Panorama regulatorio: En las diferentes jurisdicciones, los marcos regulatorios que rigen los vehículos autónomos varían ampliamente, lo que refleja las complejidades de integrar la tecnología de vanguardia en los marcos legales existentes. Esta sección proporciona una visión general del panorama regulatorio, examinando las políticas, estándares y pautas clave establecidos por los gobiernos y los organismos reguladores de todo el mundo. Desde las certificaciones de seguridad y los requisitos de prueba hasta los marcos de responsabilidad y las leyes de privacidad de datos, navegar por el laberinto regulatorio presenta un desafío formidable tanto para las partes interesadas de la industria como para los responsables políticos.

Implicaciones éticas: El auge de los vehículos autónomos ha precipitado profundos debates éticos, particularmente en lo que respecta a la toma de decisiones en escenarios moralmente tensos. Profundizando en estos dilemas éticos, esta sección explora los intrincados dilemas a los que se enfrentan los sistemas autónomos cuando se enfrentan a situaciones de choque inevitables. Las preguntas en torno a la priorización de la seguridad de los pasajeros frente a la protección de los peatones, la asignación de responsabilidad en accidentes que involucran automóviles autónomos y las implicaciones de los sesgos algorítmicos subrayan la complejidad ética inherente a la conducción autónoma.

Impacto en la sociedad y el medio ambiente

La proliferación de vehículos autónomos promete beneficios transformadores para la sociedad y el medio ambiente, pero también plantea preguntas pertinentes sobre sus implicaciones más amplias. Esta sección examina los posibles impactos sociales y medioambientales de los coches autónomos, dilucidando tanto las oportunidades como los retos que presenta la movilidad autónoma.

Implicaciones sociales: Los vehículos autónomos tienen el potencial de revolucionar el transporte al reducir los accidentes, mejorar la movilidad de las personas mayores y discapacitadas, y remodelar los paisajes urbanos. Al profundizar en estas implicaciones sociales, esta sección examina cómo los automóviles autónomos podrían aliviar la congestión del tráfico, mejorar la accesibilidad y redefinir las normas de transporte. Además, explora las posibles ramificaciones económicas, incluidos los cambios en los patrones de empleo, las interrupciones en las industrias tradicionales como los seguros y el transporte, y la aparición de nuevos modelos de negocio centrados en la movilidad como servicio (MaaS).

Consideraciones ambientales: Además de los impactos sociales, los vehículos autónomos son prometedores como catalizadores de la sostenibilidad ambiental. Al mitigar la congestión del tráfico, optimizar los patrones de conducción y facilitar la adopción de la propulsión eléctrica, los coches autónomos tienen el potencial de reducir las emisiones de gases de efecto invernadero y mitigar la huella medioambiental del transporte. Sin embargo, en esta sección también se abordan los posibles escollos, como el aumento de las millas recorridas por los vehículos (VMT) y el efecto rebote, que podrían compensar las ganancias ambientales si no se abordan.

Al abordar estos problemas multifacéticos en torno a la regulación, la ética y los impactos sociales y ambientales, esta sección brinda a los lectores una comprensión integral de las complejidades y oportunidades inherentes a la llegada de los vehículos autónomos. Subraya el imperativo de los esfuerzos de colaboración entre los responsables políticos, las partes interesadas de la industria y el público para navegar por el camino hacia un futuro autónomo más seguro, sostenible y éticamente informado.

El camino por delante: desafíos y oportunidades

A medida que avanza el viaje hacia los vehículos autónomos, se vislumbran en el horizonte una miríada de desafíos y oportunidades que dan forma a la trayectoria de esta tecnología transformadora. Esta sección navega a través de los obstáculos técnicos restantes, las percepciones públicas y los requisitos previos de infraestructura que deben superarse para marcar el comienzo de la era de la movilidad totalmente autónoma.

Desafíos técnicos: A pesar de los avances significativos, los vehículos autónomos continúan lidiando con una serie de desafíos técnicos. Desde el perfeccionamiento de la fusión de sensores y los algoritmos de aprendizaje automático hasta la mejora de la ciberseguridad y el abordaje de casos extremos, la búsqueda de una autonomía sólida y fiable sigue en curso. Esta sección profundiza en las complejidades de estos desafíos técnicos, arrojando luz sobre los esfuerzos de investigación y desarrollo destinados a superarlos. Desde el perfeccionamiento de las capacidades de percepción hasta el perfeccionamiento de los algoritmos de toma de decisiones, se están forjando soluciones innovadoras para navegar por las complejidades de los escenarios de conducción del mundo real.

Escepticismo público: Junto con los desafíos técnicos, la percepción y la aceptación del público representan factores fundamentales que dan forma al futuro de los vehículos autónomos. Abundan el escepticismo y la aprensión, alimentados por las preocupaciones sobre la seguridad, la privacidad y las implicaciones sociales de la movilidad autónoma. Esta sección explora estrategias para fomentar la confianza pública, haciendo hincapié en la transparencia, la educación y la participación proactiva con las partes interesadas. Al abordar las preocupaciones en torno a la seguridad, la privacidad de los datos y las consideraciones éticas, se puede allanar el camino hacia la aceptación generalizada de los vehículos autónomos.

Necesidades de infraestructura: La integración perfecta de los vehículos autónomos en la vida cotidiana depende de un sólido soporte de infraestructura. Desde la infraestructura inteligente y el mapeo de alta definición hasta los carriles dedicados y las redes de comunicación, la columna vertebral de la infraestructura que sustenta la movilidad autónoma es primordial. En esta sección se explican las necesidades de infraestructura y las inversiones necesarias para facilitar el funcionamiento seguro y eficiente de los vehículos autónomos. Al reforzar la conectividad, garantizar la interoperabilidad y modernizar la infraestructura de transporte, se pueden sentar las bases para un futuro autónomo.

Conclusión: Navegando el futuro

En conclusión, la llegada de los vehículos autónomos anuncia un cambio de paradigma en el transporte, ofreciendo una visión de un futuro más seguro, eficiente y sostenible. A medida que esta tecnología transformadora continúa evolucionando, se justifica un optimismo cauteloso, moderado por el reconocimiento de los desafíos e incertidumbres que se avecinan. Esta conclusión refleja el inmenso potencial de la movilidad autónoma para revolucionar el transporte, mejorar la accesibilidad y mitigar los impactos ambientales. Adoptando la innovación, la colaboración y la administración responsable, nos embarcamos en un viaje colectivo hacia un futuro en el que los vehículos autónomos coexistan sin problemas con la sociedad, navegando por el camino hacia un mañana más brillante.

Capítulo 12: Conectividad y coches: IoT y vehículos inteligentes

Introducción: La revolución del coche conectado

El panorama de la automoción está experimentando una profunda transformación, impulsada por la integración de las tecnologías del Internet de las cosas (IoT), que marca el comienzo de la era del coche conectado. Este capítulo se embarca en un viaje a través de la evolución de la conectividad del automóvil, desentrañando la intrincada red de innovaciones que han imbuido a los vehículos de inteligencia e interconectividad, remodelando fundamentalmente la experiencia de conducción y la funcionalidad del vehículo.

El auge del coche conectado

La génesis del coche conectado se remonta a la llegada de la telemática básica, marcando las etapas incipientes de la conectividad de los vehículos. Desde sus humildes comienzos centrados en los servicios de asistencia de emergencia, como el pionero sistema OnStar de General Motors, la evolución de los coches conectados ha estado marcada por una marcha incesante hacia una mayor conectividad y funcionalidad. Esta sección profundiza en la trayectoria histórica de la conectividad de los vehículos, iluminando los hitos clave y los avances tecnológicos que han impulsado el concepto de coche conectado desde sus etapas embrionarias hasta la vanguardia de la innovación automotriz.

En los anales de la historia del automóvil, la aparición del automóvil conectado representa un momento decisivo, que cierra el abismo entre el transporte tradicional y la era digital. Esta sección navega a través de las corrientes históricas y las corrientes tecnológicas subyacentes que han dado forma a la evolución de la conectividad de los vehículos, allanando el camino para una nueva era de movilidad inteligente. Desde las raíces rudimentarias de la telemática hasta los sofisticados ecosistemas de la conectividad moderna en el vehículo, el viaje del automóvil conectado es un testimonio de la búsqueda incesante de la innovación y el potencial ilimitado de la tecnología para redefinir la experiencia de conducción.

Tecnologías clave que impulsan la conectividad

En el intrincado tapiz del panorama automotriz moderno, una amplia gama de tecnologías convergen para potenciar los vehículos con una conectividad sin precedentes. En el corazón de esta revolución se encuentran cuatro pilares clave: comunicaciones celulares, Wi-Fi, Bluetooth y de vehículo a todo (V2X). Estas tecnologías fundamentales forman la base sobre la que se construye el ecosistema interconectado de los coches conectados, lo que facilita un intercambio de datos sin fisuras y permite una gran cantidad de funciones innovadoras.

Conectividad celular: Al servir como columna vertebral de

la comunicación vehicular, las redes celulares permiten una conectividad continua, lo que permite que los vehículos permanezcan conectados a Internet independientemente de su ubicación. Desde la transmisión de música y el acceso a actualizaciones de tráfico en tiempo real hasta la habilitación de servicios de asistencia de emergencia, la conectividad celular forma el salvavidas de los automóviles conectados modernos.

Integración de Wi-Fi: Con la ubicuidad de las redes Wi-Fi, los vehículos se han convertido en puntos de acceso móviles, ofreciendo a los pasajeros un acceso a Internet sin interrupciones mientras viajan. Ya sea transmitiendo contenido multimedia, realizando reuniones virtuales o accediendo a servicios basados en la nube, la integración de Wi-Fi transforma los vehículos en paraísos digitales, mejorando la experiencia de conducción en general.

Tecnología Bluetooth: La tecnología Bluetooth facilita la comunicación fluida entre vehículos y dispositivos externos, lo que permite llamadas manos libres, transmisión de audio inalámbrica e integración con teléfonos inteligentes y otros periféricos. Al integrar a la perfección los dispositivos personales con los sistemas vehiculares, la tecnología Bluetooth mejora la comodidad y la accesibilidad, al tiempo que garantiza la seguridad del conductor.

Comunicaciones Vehicle-to-Everything (V2X): A la vanguardia de la conectividad automotriz, las comunicaciones V2X permiten que los vehículos se comuniquen con su entorno, incluidos otros vehículos, infraestructura, peatones y ciclistas. Al facilitar el intercambio de datos en tiempo real, las comunicaciones

V2X mejoran la seguridad, la eficiencia y el conocimiento de la situación en las carreteras, allanando el camino para la conducción autónoma y los sistemas de transporte inteligentes.

Mejora de la seguridad y la eficiencia

En una era en la que reinan la seguridad y la eficiencia, los coches conectados emergen como faros de innovación, aprovechando la inteligencia basada en datos para revolucionar la experiencia de conducción.

Sistemas avanzados de asistencia al conductor (ADAS): Impulsados por la conectividad, ADAS aprovecha los datos en tiempo real de varias fuentes para aumentar la conciencia y la respuesta del conductor. Desde el mantenimiento predictivo de vehículos que anticipa posibles problemas antes de que surjan hasta los sistemas para evitar colisiones que mitigan el riesgo de accidentes, ADAS transforma los vehículos en guardianes sensibles, garantizando la seguridad en las carreteras.

Gestión de vehículos eléctricos (EV): En el ámbito de los vehículos eléctricos, la conectividad desempeña un papel fundamental en la optimización de la vida útil de la batería y los programas de carga. Al aprovechar la conectividad, los vehículos eléctricos pueden gestionar de forma inteligente su consumo de energía, optimizar los tiempos de carga en función de las tarifas de los servicios públicos y la disponibilidad de la red, e incluso localizar de forma proactiva las estaciones de carga, lo que garantiza una movilidad fluida para los propietarios de vehículos eléctricos.

En esencia, la unión de la conectividad y la tecnología automotriz anuncia una nueva era de seguridad, eficiencia y conveniencia en las carreteras, empoderando a los vehículos con una inteligencia sin precedentes y transformando la experiencia de conducción para las generaciones venideras.

Infoentretenimiento y experiencia del consumidor

En la era digital, los vehículos han trascendido su papel tradicional como meros medios de transporte, evolucionando hacia centros multimedia inmersivos que satisfacen las diversas necesidades y preferencias de conductores y pasajeros por igual. La convergencia de la conectividad y la tecnología automotriz ha marcado el comienzo de una nueva era de infoentretenimiento, redefiniendo la experiencia en el automóvil y revolucionando la forma en que los ocupantes interactúan con sus vehículos.

Integración con dispositivos personales: En el núcleo de los sistemas de infoentretenimiento modernos se encuentra la integración perfecta con dispositivos personales como teléfonos inteligentes y tabletas. Al aprovechar Bluetooth, Wi-Fi y otras tecnologías de conectividad, los vehículos se sincronizan a la perfección con los dispositivos personales, lo que permite llamadas manos libres, transmisión de audio inalámbrica y acceso a contactos personales, calendarios y bibliotecas multimedia.

Medios basados en la nube: Atrás quedaron los días de

almacenamiento integrado limitado y colecciones de medios físicos. Con la llegada de los servicios de medios basados en la nube, los vehículos ahora ofrecen un acceso prácticamente ilimitado a música, podcasts, audiolibros y otros contenidos digitales. Al conectarse a plataformas basadas en la nube como Spotify, Apple Music y Google Play Music, los pasajeros pueden disfrutar de experiencias de entretenimiento personalizadas adaptadas a sus gustos y preferencias individuales.

Ecosistema de aplicaciones: La proliferación de ecosistemas de aplicaciones ha enriquecido aún más el panorama del infoentretenimiento, transformando los vehículos en plataformas para la innovación y la personalización. Desde aplicaciones de navegación que proporcionan actualizaciones de tráfico en tiempo real y recomendaciones de rutas hasta servicios de streaming que ofrecen entretenimiento a la carta, el ecosistema de aplicaciones ofrece una amplia gama de herramientas y servicios diseñados para mejorar la experiencia de conducción.

Asistentes activados por voz: Los asistentes activados por voz como Siri de Apple, Google Assistant y Alexa de Amazon se han convertido en compañeros indispensables en la carretera, lo que permite el control manos libres de los sistemas de infoentretenimiento y el acceso a una gran cantidad de información y servicios. Con solo pronunciar comandos de voz, los conductores y pasajeros pueden dictar mensajes, hacer llamadas telefónicas, ajustar la configuración del clima e incluso controlar dispositivos domésticos inteligentes, todo sin quitar las manos del volante.

Pantallas interactivas e interfaces de pantalla táctil: El auge de las pantallas interactivas y las interfaces de pantalla táctil ha transformado la forma en que los usuarios interactúan con los sistemas de infoentretenimiento del automóvil. Con interfaces intuitivas y pantallas de alta resolución, los ocupantes pueden navegar por los menús, acceder a las aplicaciones y controlar la configuración del vehículo con facilidad, lo que brinda una experiencia de usuario fluida e inmersiva.

En esencia, la evolución de los sistemas de infoentretenimiento representa un cambio de paradigma en la industria automotriz, trascendiendo los límites tradicionales de la funcionalidad del vehículo para brindar experiencias personalizadas, conectadas e inmersivas que satisfacen las diversas necesidades y preferencias de los conductores y pasajeros modernos. A medida que la conectividad continúa avanzando y la tecnología evoluciona, las posibilidades de innovación en infoentretenimiento son ilimitadas, lo que promete redefinir el futuro del entretenimiento en el automóvil y la experiencia del consumidor.

Desafíos de privacidad y seguridad de datos

A medida que los vehículos están cada vez más conectados y dependen de las tecnologías digitales, las preocupaciones en torno a la privacidad de los datos y la ciberseguridad han pasado a primer plano. Si bien la integración de la conectividad ofrece numerosos beneficios, también presenta importantes desafíos y riesgos que deben abordarse para garantizar la seguridad y la privacidad de los ocupantes del vehículo.

Vulnerabilidades a la piratería: Una de las principales preocupaciones asociadas con los vehículos conectados es el potencial de ciberataques y piratería. A medida que los vehículos se vuelven más interconectados y dependientes de los sistemas de software, se vuelven susceptibles a la explotación por parte de actores maliciosos que buscan obtener acceso no autorizado a los controles del vehículo, datos confidenciales o información personal. Las vulnerabilidades en los sistemas de a bordo, los protocolos de comunicación inalámbrica y las interfaces externas pueden ser explotadas por los piratas informáticos para comprometer la seguridad del vehículo.

Manejo de datos personales: Los vehículos conectados generan grandes cantidades de datos sobre el comportamiento del conductor, el rendimiento del vehículo y los patrones de navegación. Si bien estos datos pueden ser valiosos para mejorar la funcionalidad del vehículo y mejorar la experiencia de conducción, también plantean preocupaciones sobre la privacidad y la seguridad de la información personal. El acceso no autorizado a estos datos podría dar lugar a violaciones de la privacidad, robo de identidad u otras formas de uso indebido, lo que pone de manifiesto la importancia de contar con medidas sólidas de protección de datos y políticas de privacidad claras.

Medidas de seguridad de los fabricantes de automóviles: En respuesta a estos desafíos, los fabricantes de automóviles están implementando una serie de medidas de seguridad para salvaguardar los automóviles conectados y proteger la privacidad de los usuarios. Estas medidas pueden incluir el cifrado de las transmisiones de datos, protocolos de autenticación seguros, sistemas de detección de intrusos y actualizaciones de software inalámbricas para parchear vulnerabilidades y abordar amenazas emergentes. Además, los fabricantes de automóviles están colaborando con expertos en ciberseguridad y autoridades reguladoras para desarrollar estándares de la industria y mejores prácticas para la ciberseguridad de los vehículos.

El futuro de la conectividad de los vehículos

Mirando más allá del panorama actual, el futuro de la conectividad de los vehículos tiene un inmenso potencial para una mayor innovación y transformación. Las tecnologías y tendencias emergentes están preparadas para remodelar la experiencia de conducción, marcando el comienzo de una nueva era de conectividad, inteligencia y comodidad.

Integración de la inteligencia artificial: La integración de la inteligencia artificial (IA) es prometedora para mejorar la conectividad y la inteligencia de los vehículos. Los sistemas impulsados por IA pueden analizar grandes cantidades de datos en tiempo real, lo que permite a los vehículos tomar decisiones informadas, anticipar las necesidades del conductor y adaptarse a las condiciones cambiantes de la carretera. Desde asistentes virtuales personalizados hasta algoritmos de mantenimiento predictivo, la IA tiene el potencial de revolucionar la forma en que los vehículos interactúan con su entorno y sus ocupantes.

Impacto de la tecnología 5G: El despliegue de la tecnología 5G promete mejorar significativamente las capacidades de los vehículos conectados al ofrecer velocidades de transmisión de datos más rápidas, menor latencia y mayor confiabilidad de la red. Con la conectividad 5G, los vehículos pueden acceder a aplicaciones que requieren un uso intensivo del ancho de banda, como la transmisión de alta definición, la navegación de realidad aumentada y la comunicación de vehículo a vehículo en tiempo real, lo que abre nuevas posibilidades para mejorar la seguridad, el entretenimiento y la productividad en la carretera.

Papel de Blockchain en las comunicaciones seguras: La tecnología Blockchain ha surgido como una solución potencial para mejorar la seguridad e integridad de las comunicaciones de los vehículos. Al aprovechar los libros de contabilidad descentralizados y a prueba de manipulaciones, blockchain puede proporcionar transacciones de datos seguras y transparentes, lo que garantiza la autenticidad e integridad de los datos del vehículo. Desde actualizaciones seguras de firmware hasta redes de comunicación de vehículo a vehículo, blockchain tiene el potencial de mitigar los riesgos de ciberseguridad y proteger la privacidad de los usuarios de automóviles conectados.

En conclusión, si bien el aumento de la conectividad de los vehículos presenta desafíos significativos en términos de privacidad de datos y ciberseguridad, también ofrece inmensas oportunidades para la innovación y el avance. Al implementar medidas de seguridad sólidas, aprovechar las tecnologías emergentes y colaborar en todos los sectores de la industria, los fabricantes de automóviles pueden superar estos desafíos y desbloquear todo el potencial de los vehículos conectados para crear experiencias de conducción más seguras, inteligentes y conectadas para todos.

Conclusión: el camino en red por delante

A medida que la industria automotriz continúa adoptando la conectividad de los vehículos, es crucial reconocer las profundas implicaciones que esta tecnología tendrá tanto en los consumidores individuales como en el ecosistema de transporte en general. Si bien la integración de la conectividad promete revolucionar la experiencia de conducción, también plantea una serie de desafíos que deben abordarse para garantizar un futuro seguro en la carretera en red.

Equilibrar la innovación con la seguridad y la privacidad: Uno de los puntos clave es la importancia de lograr un equilibrio entre la innovación y la seguridad. Si bien los automóviles conectados ofrecen una comodidad y funcionalidad sin precedentes, también presentan importantes riesgos de ciberseguridad y problemas de privacidad. Los fabricantes de automóviles y las empresas de tecnología deben dar prioridad a medidas sólidas de ciberseguridad e implementar políticas estrictas de privacidad de datos para salvaguardar la información de los consumidores y protegerse contra posibles amenazas cibernéticas.

Impacto en la infraestructura de transporte: Más allá del ámbito de los vehículos individuales, la proliferación de automóviles conectados tendrá implicaciones de gran alcance para la infraestructura de transporte. Desde la gestión del tráfico y la seguridad vial hasta la planificación urbana y la sostenibilidad ambiental, la carretera en red presenta oportunidades para optimizar los sistemas de transporte y crear ciudades más eficientes, sostenibles e interconectadas.

Darse cuenta de los beneficios de los coches conectados: En última instancia, la adopción exitosa de la conectividad de los vehículos depende de la capacidad de aprovechar todo su potencial y mitigar los riesgos asociados. Al fomentar la colaboración entre las partes interesadas de la industria, los responsables políticos y los expertos en ciberseguridad, podemos navegar por el camino en red con confianza, desbloqueando los innumerables beneficios de los automóviles conectados y protegiéndonos contra posibles trampas.

Capítulo 13: Rendimiento y automovilismo: superando los límites

Introducción: La carrera por innovar

La conexión entre los deportes de motor y las tecnologías automotrices comerciales es un fenómeno dinámico y fascinante que impulsa la innovación en ambos ámbitos. Este capítulo profundiza en la rica historia y la relación simbiótica entre los coches de carreras y los coches de carretera, mostrando cómo las exigencias de la pista de carreras han impulsado avances revolucionarios que, en última instancia, se abren camino en los vehículos cotidianos. Emprendamos un viaje a través del tiempo, explorando la evolución de esta relación y las notables innovaciones que ha producido.

La sinergia histórica entre los coches de carreras y los de carretera

En los albores de las carreras automovilísticas, los fabricantes reconocieron rápidamente el inmenso potencial de la pista de carreras como campo de pruebas para superar los límites de la tecnología automotriz. Desde las emocionantes carreras de principios del siglo XX hasta las competiciones de alta tecnología de la actualidad, el automovilismo ha servido como un crisol donde se forja la innovación bajo las intensas presiones de la competencia.

A medida que nos remontamos a los orígenes de los deportes de motor, descubrimos un rico tapiz de ingenio y ambición. Desde las carreras pioneras que cautivaron al público hasta los vehículos icónicos que dominaron la pista, los fabricantes aprovecharon la arena llena de adrenalina de las carreras para mostrar su destreza en ingeniería y demostrar las capacidades de sus máquinas.

De hecho, los exitosos modelos de carreras de antaño han dejado una marca indeleble en el diseño y el rendimiento de los vehículos de consumo. Desde los avances en la aerodinámica y la tecnología del motor hasta los avances en los materiales y las características de seguridad, las innovaciones nacidas en la pista de carreras se han filtrado para dar forma a los autos que conducimos en las calles hoy en día.

A medida que nos embarcamos en esta exploración de la relación simbiótica entre los deportes de motor y las tecnologías automotrices comerciales, descubrimos un tesoro de ideas sobre cómo la incesante búsqueda de la victoria en la pista de carreras continúa impulsando la innovación e inspirando avances que redefinen el futuro de la movilidad.

Innovaciones de la pista a la calle

Los deportes de motor han sido durante mucho tiempo un semillero de innovación, sirviendo como un crisol donde se forjan tecnologías de vanguardia bajo las intensas presiones de la competencia. A lo largo de las décadas, numerosos avances nacidos en la pista de carreras se han abierto camino en los vehículos de consumo, transformando la experiencia de conducción y ampliando los límites del rendimiento y la seguridad automotriz. Exploremos en detalle algunas de estas innovaciones pioneras:

Frenos de disco:

Uno de los avances más significativos que han surgido de los deportes de motor es el sistema de frenos de disco. Si bien el concepto de frenos de disco se remonta a principios del siglo XX, fue en la década de 1950 cuando se generalizó su uso en las carreras. Los equipos que compitieron en eventos como las 24 Horas de Le Mans reconocieron la potencia de frenado superior y la confiabilidad que ofrecían los frenos de disco, lo que permitió tiempos de vuelta más rápidos y una conducción más segura en carreras de alta velocidad.

A medida que los beneficios de los frenos de disco se hicieron evidentes en la pista de carreras, los fabricantes de automóviles comenzaron a incorporarlos en los vehículos de consumo. Hoy en día, los frenos de disco son un equipo estándar en casi todos los automóviles, lo que brinda a los conductores un rendimiento de frenado sensible y una mayor seguridad en la carretera.

Turbocompresor:

Aunque el turbocompresor no se inventó originalmente para los deportes de motor, su desarrollo avanzó significativamente en la pista de carreras. En la búsqueda de una mayor potencia y eficiencia, los equipos de carreras comenzaron a experimentar con motores turboalimentados en las décadas de 1960 y 1970. Los turbocompresores, que utilizan los gases de escape para hacer girar una turbina y forzar la entrada de más aire en el motor, proporcionaban un potente impulso en la potencia sin la necesidad de motores más grandes y pesados.

Las lecciones aprendidas de las carreras de motores turboalimentados allanaron el camino para su adopción generalizada en los vehículos de consumo. Hoy en día, el turbocompresor es una característica común en automóviles de todo tipo, desde hatchbacks compactos hasta autos deportivos de alto rendimiento. Al aprovechar la tecnología de turbocompresor, los fabricantes de automóviles pueden ofrecer una potencia y eficiencia mejoradas, ofreciendo a los conductores una experiencia de conducción emocionante mientras cumplen con las estrictas regulaciones de economía de combustible.

Paletas de cambio:

Otra innovación que hizo su debut en la pista de carreras antes de la transición a los vehículos de consumo es la palanca de cambios. Desarrolladas originalmente en las carreras de Fórmula Uno, las levas de cambio permiten a los conductores cambiar de marcha de forma más rápida y fluida que con las cajas de cambios manuales tradicionales. Al colocar los controles de cambio de marchas directamente en el volante, los conductores pueden mantener las manos en el volante en todo momento, lo que mejora tanto el rendimiento como la comodidad.

A medida que los beneficios de las paletas de cambio se hicieron evidentes en los deportes de motor, comenzaron a aparecer en los autos de carretera de alto rendimiento. Hoy en día, las paletas de cambio son una característica común en los autos deportivos y los vehículos de lujo, y ofrecen a los conductores la emoción de los cambios de marcha manuales con la precisión y la velocidad de las transmisiones automatizadas.

En conclusión, las innovaciones que se originan de la pista a la calle demuestran el profundo impacto de los deportes de motor en la industria automotriz. Desde los frenos de disco hasta el turbocompresor y las paletas de cambio, estas tecnologías han remodelado la forma en que conducimos, mejorando el rendimiento, la seguridad y el placer de conducir para los consumidores de todo el mundo.

El papel de la Fórmula 1 en el desarrollo tecnológico

La Fórmula Uno, con su incesante búsqueda de velocidad y rendimiento, ha servido durante mucho tiempo como caldo de cultivo para las tecnologías automotrices de vanguardia. La intensa competencia, combinada con una inversión financiera sustancial de los equipos y patrocinadores, alimenta un ciclo constante de innovación que supera los límites de lo que es posible en la pista de carreras y más allá. Dos áreas clave en las que la Fórmula 1 ha hecho contribuciones significativas al desarrollo tecnológico son los sistemas de recuperación de energía cinética (KERS) y la aerodinámica avanzada.

Sistemas de recuperación de energía cinética (KERS):

Una de las innovaciones más notables que han surgido de la Fórmula 1 es el Sistema de Recuperación de Energía Cinética, o KERS. Introducido en la temporada 2009, el KERS permite a los coches recuperar energía cinética durante el frenado y almacenarla para su uso posterior, normalmente en forma de carga eléctrica. Esta energía almacenada se puede desplegar para proporcionar un impulso temporal en la aceleración, conocido como función de "empujar para pasar".

En la Fórmula Uno, KERS ha revolucionado la forma en que los equipos abordan la gestión de la energía durante las carreras. Al aprovechar la energía que de otro modo se perdería durante el frenado, los sistemas KERS permiten a los automóviles alcanzar niveles más altos de rendimiento al tiempo que maximizan la eficiencia del combustible. Esta tecnología no solo ha mejorado la competitividad de las carreras de Fórmula Uno, sino que también ha influido en el desarrollo de sistemas de propulsión híbridos y eléctricos en vehículos comerciales.

Más allá de la pista de carreras, los fabricantes de automóviles han adoptado la tecnología KERS en los automóviles de carretera para mejorar la eficiencia del combustible y reducir las emisiones. Los vehículos híbridos, como el Toyota Prius y el BMW i8, utilizan sistemas de frenado regenerativo similares para capturar y almacenar energía durante la desaceleración, lo que aumenta la eficiencia y el rendimiento general.

Aerodinámica avanzada:

Otra área en la que la Fórmula 1 ha realizado importantes contribuciones tecnológicas es en el ámbito de la aerodinámica. La búsqueda de la eficiencia aerodinámica en la Fórmula 1 es implacable, y los equipos emplean pruebas avanzadas en túnel de viento, simulaciones de dinámica de fluidos computacional (CFD) y técnicas de diseño innovadoras para maximizar la carga aerodinámica y minimizar la resistencia.

Las innovaciones aerodinámicas desarrolladas en la Fórmula 1 tienen profundas implicaciones para los vehículos comerciales, particularmente en términos de eficiencia de combustible y dinámica del vehículo. Al optimizar el flujo de aire alrededor del automóvil, los equipos de Fórmula Uno pueden lograr niveles más altos de agarre, estabilidad y rendimiento en las curvas, lo que permite a los conductores superar los límites de lo que sus vehículos pueden hacer.

En el mercado de consumo, estos principios aerodinámicos se aplican a todo, desde automóviles económicos hasta autos deportivos de alto rendimiento. Las formas aerodinámicas de la carrocería, las características aerodinámicas activas y los sistemas avanzados de gestión del flujo de aire son descendientes directos de las innovaciones aerodinámicas pioneras en la Fórmula Uno.

En conclusión, la Fórmula 1 desempeña un papel fundamental en el impulso de la innovación tecnológica en la industria automotriz. A través de avances en áreas como el KERS y la aerodinámica avanzada, los equipos de Fórmula Uno no solo superan los límites del rendimiento en la pista de carreras, sino que también dan forma al futuro de la tecnología automotriz en aplicaciones comerciales. La incesante búsqueda de la velocidad y la eficiencia en la Fórmula 1 sirve como catalizador para el progreso, impulsando la innovación que beneficia tanto a los pilotos como a los fabricantes.

El impacto de las carreras de resistencia

Las carreras de resistencia, personificadas por eventos como las legendarias 24 Horas de Le Mans, se erigen como una prueba agotadora tanto para el hombre como para la máquina. Las exigencias de las carreras de resistencia van más allá de la mera velocidad, centrándose en cambio en la durabilidad, la fiabilidad y la eficiencia del combustible. Como tal, sirve como un caldo de cultivo fértil para las innovaciones tecnológicas que no solo mejoran el rendimiento en la pista, sino que también tienen implicaciones de gran alcance para los automóviles de carretera.

Tecnología Diesel Racing:

Una de las innovaciones más significativas que han surgido de las carreras de resistencia es la adopción de la tecnología diésel en los coches de carreras. Históricamente, los motores diésel se percibían como pesados, ruidosos y carentes de rendimiento en comparación con sus homólogos de gasolina. Sin embargo, los avances en la tecnología diésel, impulsados en parte por el dominio de Audi en Le Mans con sus prototipos con motor diésel, desafiaron estas percepciones.

La tecnología de carreras diésel demostró que los motores diésel no solo podían competir, sino sobresalir en el exigente entorno de las carreras de resistencia. Con sus características superiores de eficiencia de combustible y torque, los autos de carreras con motor diésel mostraron el potencial de la tecnología diésel para brindar rendimiento y eficiencia en la pista de carreras.

El impacto de la tecnología diésel de competición en los coches de carretera fue profundo. Fabricantes de automóviles como Audi, Peugeot y Porsche aprovecharon su éxito en las carreras de resistencia para desarrollar coches de carretera diésel de alto rendimiento, como el Audi R8 TDI y el Peugeot 908 HDi FAP. Estos homólogos de carretera se beneficiaron de las lecciones aprendidas en la pista de carreras, incorporando tecnologías avanzadas de motor y características de ahorro de combustible inspiradas en sus homólogos de carreras.

Sistemas híbridos:

En los últimos años, las carreras de resistencia han experimentado un cambio hacia los sistemas de propulsión híbridos, y los fabricantes han aprovechado las ventajas de los motores de combustión interna y los motores eléctricos para lograr un rendimiento y una eficiencia óptimos. Los sistemas híbridos, impulsados por fabricantes como Toyota y Porsche en el Campeonato Mundial de Resistencia (WEC) de la FIA, han redefinido el concepto de carreras de resistencia y han superado los límites de la tecnología automotriz.

Los coches de carreras de resistencia híbridos emplean sofisticados sistemas de recuperación de energía, como el frenado regenerativo y la recuperación de calor residual, para capturar y almacenar energía durante la desaceleración y el frenado. Esta energía almacenada se puede desplegar para proporcionar potencia y par adicionales, mejorando la aceleración y el rendimiento general al tiempo que se reduce el consumo de combustible.

El impacto de los sistemas híbridos en las carreras de

resistencia se extiende más allá de la pista de carreras, influyendo en el desarrollo de vehículos híbridos y eléctricos en el mercado de consumo. Los fabricantes de automóviles se han inspirado en sus éxitos en las carreras de resistencia para producir coches de carretera que combinan la eficiencia de los sistemas de propulsión híbridos con el rendimiento de los motores de combustión interna tradicionales, lo que ha dado lugar a una nueva generación de vehículos de alto rendimiento y respetuosos con el medio ambiente.

En conclusión, las carreras de resistencia sirven como crisol para la innovación, ampliando los límites de la tecnología automotriz en busca de rendimiento, eficiencia y durabilidad. Innovaciones como la tecnología diésel de competición y los sistemas híbridos, nacidos en la pista de carreras, han remodelado el panorama automovilístico, impulsando el progreso hacia vehículos más sostenibles y de alto rendimiento tanto en la pista como en la carretera.

Tecnologías emergentes en los deportes de motor

Los deportes de motor siempre han estado a la vanguardia de la innovación tecnológica, superando constantemente los límites de lo que es posible tanto dentro como fuera de la pista. De cara al futuro, varias tecnologías emergentes en los deportes de motor prometen no solo revolucionar la forma en que se ganan las carreras, sino también influir en el diseño y el rendimiento de los futuros coches de carretera.

Materiales avanzados:

Los compuestos de fibra de carbono representan un cambio de paradigma en la tecnología de materiales, ofreciendo una notable combinación de ligereza, resistencia y durabilidad. Si bien la fibra de carbono se ha utilizado durante mucho tiempo en los deportes de motor para componentes como el chasis, los paneles de la carrocería y los elementos aerodinámicos, los avances continuos continúan reduciendo los costos y mejorando las técnicas de fabricación.

En los deportes de motor, la adopción de componentes de fibra de carbono permite una reducción significativa del peso sin comprometer la integridad estructural o la seguridad. Los vehículos más ligeros se traducen en una aceleración más rápida, un manejo más preciso y una mayor eficiencia de combustible, lo que los convierte en contendientes formidables en la pista de carreras.

El impacto de la tecnología de fibra de carbono se extiende más allá de los deportes de motor, ya que los fabricantes de automóviles incorporan cada vez más componentes de fibra de carbono en los automóviles de carretera para mejorar el rendimiento y la eficiencia. Desde superdeportivos hasta vehículos cotidianos, el uso de fibra de carbono ayuda a reducir el peso y mejorar la dinámica de conducción, lo que en última instancia conduce a una experiencia de conducción más agradable y eficiente en el consumo de combustible.

Análisis de datos en tiempo real:

En la era digital, los datos son los reyes, y los deportes de motor no son una excepción. El análisis de datos en tiempo real se ha convertido en una herramienta indispensable para los equipos que buscan obtener una ventaja competitiva en la pista. Al recopilar y analizar grandes cantidades de datos de sensores, sistemas de telemetría a bordo y comentarios de los conductores, los equipos pueden tomar decisiones informadas para optimizar el rendimiento y la confiabilidad durante las carreras.

El análisis de datos en tiempo real permite a los equipos ajustar la configuración de los vehículos, ajustar la estrategia a mitad de la carrera y anticipar posibles problemas mecánicos antes de que se intensifiquen. Al aprovechar la información basada en datos, los equipos pueden maximizar el rendimiento y minimizar el tiempo de inactividad, lo que les brinda una ventaja crucial en entornos de carreras altamente competitivos.

La influencia del análisis de datos en tiempo real en los deportes de motor se extiende más allá de la pista, ya que los fabricantes de automóviles de carretera integran tecnologías similares para mejorar el rendimiento y el mantenimiento de los vehículos. Desde algoritmos de mantenimiento predictivo hasta plataformas de automóviles conectados, la industria automotriz está aprovechando el análisis de datos para ofrecer vehículos más confiables, eficientes y fáciles de usar a los consumidores.

Consideraciones éticas y medioambientales

A medida que los deportes de motor continúan

evolucionando, se enfrentan a una presión cada vez mayor para abordar las preocupaciones éticas y ambientales asociadas con el deporte. Desde las emisiones de carbono hasta el consumo de recursos, el impacto ambiental de los deportes de motor ha sido objeto de un mayor escrutinio en los últimos años, lo que ha llevado a la industria a explorar prácticas más sostenibles.

Serie de carreras sostenibles:

Una respuesta notable a las preocupaciones ambientales es el aumento de las series de carreras eléctricas como la Fórmula E. Al mostrar el potencial de la propulsión eléctrica en los coches de carreras de alto rendimiento, la Fórmula E busca promover la sostenibilidad al tiempo que mantiene la emoción y el espectáculo de los deportes de motor tradicionales.

Las series de carreras eléctricas no solo sirven como plataformas para la innovación tecnológica, sino que también crean conciencia sobre los beneficios de los vehículos eléctricos y las energías renovables. Al electrificar la pista de carreras, la Fórmula E tiene como objetivo inspirar una adopción más amplia de la movilidad eléctrica y acelerar la transición hacia un futuro de transporte más sostenible.

Biocombustibles y fuentes de energía alternativas:

Además de la electrificación, los deportes de motor están explorando combustibles alternativos como los biocombustibles derivados de fuentes renovables. Los biocombustibles ofrecen el potencial de reducir las emisiones de gases de efecto invernadero y la dependencia de los combustibles fósiles, al tiempo que proporcionan una alternativa viable para aplicaciones de carreras de alto rendimiento.

Al adoptar los biocombustibles y otras fuentes de energía alternativas, los deportes de motor pueden mitigar su huella ambiental mientras continúan ampliando los límites del rendimiento y la innovación. A medida que la industria busca un equilibrio entre la competencia y la sostenibilidad, los biocombustibles representan una vía prometedora para reducir las emisiones y promover la administración ambiental en los deportes de motor.

En conclusión, las tecnologías emergentes en los deportes de motor tienen el potencial de remodelar el futuro de las carreras y la tecnología automotriz. Desde materiales avanzados como los compuestos de fibra de carbono hasta el análisis de datos en tiempo real y las prácticas de carreras sostenibles, estas innovaciones no solo impulsan el progreso en la pista, sino que también allanan el camino para coches de carretera más sostenibles y tecnológicamente avanzados. A medida que la industria lidia con consideraciones éticas y ambientales, está preparada para liderar la carga hacia un futuro más verde e innovador para los deportes de motor y más allá.

Conclusión: La influencia continua de los deportes de motor

El legado de los deportes de motor en la configuración de la tecnología automotriz es profundo y duradero, y la pista de carreras sirve como crisol para la innovación y el avance. A medida que el capítulo se acerca a su fin, es evidente que la influencia de los deportes de motor en la industria automotriz es de gran alcance y continua.

Un crisol para la innovación:

A lo largo de la historia, los deportes de motor han proporcionado un terreno fértil para los avances tecnológicos y las maravillas de la ingeniería. Desde los primeros días de las carreras automovilísticas hasta el mundo de alta velocidad de la Fórmula Uno y eventos de resistencia como las 24 Horas de Le Mans, la búsqueda de la victoria en la pista ha llevado a los ingenieros y fabricantes a superar los límites de lo que es posible.

Seguridad y rendimiento:

Una de las contribuciones más significativas de los deportes de motor a la tecnología automotriz se encuentra en el ámbito de la seguridad. Innovaciones como las zonas de deformación, los frenos de disco y los sistemas avanzados de asistencia al conductor (ADAS) tienen su origen en las carreras, donde la búsqueda de la velocidad va acompañada de un compromiso con la seguridad del conductor. Como resultado, los coches de carretera modernos no solo son más rápidos y potentes, sino también más seguros que nunca, gracias a las lecciones aprendidas en la pista de carreras.

Eficiencia y Sostenibilidad:

En los últimos años, los deportes de motor también han desempeñado un papel fundamental en el impulso de los avances en la eficiencia y la sostenibilidad de los vehículos. Desde trenes motrices híbridos hasta combustibles alternativos e innovaciones aerodinámicas, las series de carreras como la Fórmula Uno y las carreras de resistencia se han convertido en bancos de pruebas para tecnologías que mejoran la eficiencia del combustible, reducen las emisiones y promueven la sostenibilidad ambiental.

De cara al futuro:

De cara al futuro, la relación entre los deportes de motor y la tecnología automotriz no muestra signos de desaceleración. Con tecnologías emergentes como la propulsión eléctrica, la conducción autónoma y los vehículos conectados que están remodelando el panorama automotriz, la pista de carreras sigue siendo un escenario vital para probar y validar estas innovaciones.

Colaboración continuada:

La influencia duradera de los deportes de motor en la tecnología automotriz subraya la importancia de la colaboración entre el mundo de las carreras y la industria automotriz. Desde iniciativas compartidas de investigación y desarrollo hasta programas de transferencia de tecnología, la relación simbiótica entre los deportes de motor y las tecnologías automotrices comerciales garantiza que las innovaciones nacidas en la pista encuentren su camino en los vehículos cotidianos, beneficiando a los consumidores de todo el mundo.

En conclusión, el capítulo destaca la continua influencia de los deportes de motor en la tecnología automotriz, enfatizando su papel como catalizador de la innovación, la seguridad, la eficiencia y la sostenibilidad. A medida que miramos hacia el futuro, el legado de los deportes de motor continuará dando forma al desarrollo de vehículos más seguros, más eficientes y más emocionantes para los consumidores de todo el mundo.

Capítulo 14: Cultura global del automóvil: la cultura del automóvil en todo el mundo

Introducción: El lenguaje universal de la cultura automovilística

El mundo de la cultura automovilística es un caleidoscopio de diversidad, en el que cada región añade su matiz único al lienzo de la identidad automovilística. Este capítulo se embarca en un viaje a través de continentes, explorando el intrincado tapiz tejido por los automóviles y las sociedades que atraviesan. Los automóviles no son simplemente medios de transporte; Son símbolos de estatus, libertad y aspiración, que reflejan los valores y aspiraciones de las culturas que habitan.

Desde las bulliciosas calles de Tokio hasta las extensas autopistas de Los Ángeles, las preferencias automotrices pintan una imagen vívida de las normas sociales y los deseos individuales. En Japón, la meticulosa artesanía de los automóviles JDM (Mercado Interno Japonés) refleja una cultura profundamente arraigada en la ingeniería de precisión y la innovación tecnológica. Mientras tanto, en los Estados Unidos, el encanto de los muscle cars y las camionetas pickup encarna el espíritu del individualismo rudo y la carretera abierta.

En toda Europa, donde la historia y la modernidad se entrelazan, los gustos automovilísticos varían desde la elegante elegancia de los deportivos italianos hasta la discreta sofisticación de los vehículos de lujo alemanes. Cada marca lleva consigo un legado de artesanía y herencia, que resuena entre los entusiastas que valoran la tradición y el rendimiento.

En mercados emergentes como India y Brasil, donde la rápida urbanización se encuentra con las tradiciones antiguas, el automóvil se convierte en un símbolo de movilidad ascendente y progreso. Desde hatchbacks compactos que navegan por las estrechas calles de la ciudad hasta SUV robustos que atraviesan terrenos accidentados, los autos en estas regiones encarnan versatilidad y adaptabilidad.

Sin embargo, a pesar de estas variaciones regionales, existe un lenguaje universal de la cultura del automóvil que trasciende las fronteras y los idiomas. Ya sea la emoción de una carrera de resistencia, la camaradería de una competencia de autos o la admiración de una restauración clásica, los entusiastas de todo el mundo comparten una pasión común por todo lo relacionado con la automoción.

A medida que profundizamos en los matices de la cultura del automóvil, comenzamos a desentrañar los intrincados hilos que conectan a las sociedades y los individuos, cada vehículo es un testimonio de los valores y sueños de sus conductores. Al explorar estos diversos paisajes automotrices, obtenemos una visión de la experiencia humana en sí, donde la búsqueda de la libertad, la expresión y la identidad encuentra expresión en el lenguaje universal de la cultura automotriz.

Estados Unidos: la cuna de la cultura del automóvil

En la vasta extensión de los Estados Unidos, el automóvil no es solo un medio de transporte; es un símbolo de libertad, poder y el sueño americano. Esta sección nos lleva en un viaje a través del corazón de la cultura del automóvil, donde cada tramo de asfalto cuenta una historia de innovación y aventura.

En la década de 1960, el panorama automotriz estadounidense fue testigo de una revolución con el auge de los muscle cars. Estas máquinas icónicas, con sus motores rugientes y diseños elegantes, capturaron la imaginación de una generación hambrienta de velocidad y emoción. Desde el Ford Mustang hasta el Chevrolet Camaro, los muscle cars se convirtieron en algo más que vehículos; Eran símbolos de rebelión e individualidad, encarnando el espíritu de la carretera abierta.

Pero la cultura del automóvil en Estados Unidos no se trata solo de caballos de fuerza y velocidad; También se trata del viaje por carretera por excelencia. A través de las vastas extensiones del país, desde la Ruta 66 hasta la Autopista de la Costa del Pacífico, los estadounidenses se han embarcado en viajes épicos, en busca de aventuras y descubrimientos. Los viajes por carretera se han convertido en un rito de iniciación, una forma de escapar de los confines de la vida cotidiana y experimentar la libertad de la carretera.

La vida suburbana en Estados Unidos también está profundamente entrelazada con la cultura del automóvil.

Desde los autocines hasta las comunidades centradas en el automóvil, el automóvil ha dado forma al paisaje de los suburbios de Estados Unidos, proporcionando una sensación de movilidad e independencia. Los espectáculos de hot rods y las carreras de NASCAR sirven como puntos focales para los entusiastas, reuniendo a personas de todos los ámbitos de la vida para celebrar su pasión compartida por los autos.

Europa: lujo, prestigio y rendimiento

En Europa, la cultura del automóvil es el reflejo de siglos de tradición, artesanía e innovación. Desde las sinuosas carreteras de la Riviera italiana hasta las autopistas de Alemania, Europa es el hogar de algunas de las marcas y carreras automovilísticas más emblemáticas del mundo.

Eventos legendarios como las 24 Horas de Le Mans y el Gran Premio de Mónaco han cautivado al público durante generaciones, mostrando el pináculo de la ingeniería automotriz y el rendimiento. Estas carreras no son solo competiciones; Son espectáculos de velocidad y resistencia, donde los mejores pilotos y equipos del mundo se llevan a sí mismos y a sus máquinas al límite.

El lujo y el prestigio también son señas de identidad de la cultura automovilística europea. Marcas como Ferrari, Porsche y Mercedes-Benz se han convertido en sinónimo de elegancia, sofisticación y rendimiento sin igual. Sus automóviles no son solo medios de transporte; Son obras de arte, meticulosamente elaboradas con los más altos estándares de calidad y diseño.

Pero la cultura automovilística europea no se limita al lujo y al rendimiento; También se trata de patrimonio y tradición. Desde los deportivos clásicos hasta los superdeportivos modernos, el legado automovilístico de Europa es un testimonio de siglos de innovación y artesanía. Ya sea por el rugido de un motor Ferrari o por la ingeniería de precisión de un Porsche, los coches europeos son una celebración del arte y la pasión que definen la cultura automovilística del continente.

Japón: Innovación y subculturas

En el país del sol naciente, la cultura del automóvil es una mezcla de innovación, creatividad y un profundo sentido de comunidad. Los fabricantes de automóviles japoneses han dejado una huella indeleble en la industria automotriz mundial, conocida por su ingeniería de precisión y tecnología innovadora. Pero más allá de la corriente principal, Japón también es el hogar de subculturas vibrantes que amplían los límites de la expresión automotriz.

Una de las subculturas más emblemáticas que han surgido de Japón es el drifting. Originario de las sinuosas carreteras de montaña de Japón, el drifting es un deporte de alto octanaje que combina una conducción de precisión con acrobacias impresionantes. Los drifters modifican sus autos con suspensiones personalizadas, motores de alto rendimiento y neumáticos especializados para lograr el deslizamiento perfecto en curvas cerradas. El deporte ha ganado seguidores en todo el mundo, con entusiastas que acuden en masa a eventos como Formula Drift para presenciar la acción llena de adrenalina.

El tuning de coches compactos es otro sello distintivo de la cultura automovilística japonesa. En un país donde el espacio es escaso, los autos compactos son los reyes, y los entusiastas han optado por modificarlos con piezas y accesorios del mercado de accesorios para mejorar el rendimiento y la estética. Desde los Honda Civic hasta los Toyota Corolla turboalimentados, las calles de Japón están llenas de autos compactos personalizados que reflejan la individualidad y la creatividad de sus propietarios.

La cultura automovilística japonesa también está impulsada por un sentido de comunidad. Las reuniones de autos y las exhibiciones de autos modificados son reuniones populares donde los entusiastas se reúnen para compartir su pasión por todo lo relacionado con la automoción. Estos eventos no se tratan solo de exhibir autos; se trata de construir relaciones, intercambiar ideas y celebrar la diversidad de la cultura automovilística de Japón.

Oriente Medio: riqueza y exclusividad

En las tierras ricas en petróleo de Oriente Medio, la cultura del automóvil es un símbolo de riqueza, estatus y extravagancia. Las vastas reservas de petróleo de la región han alimentado una economía en auge, lo que ha llevado a una proliferación de automóviles de lujo y vehículos personalizados como en ningún otro lugar del mundo.

Los superdeportivos son una vista común en las calles de ciudades como Dubai y Abu Dhabi, donde Lamborghinis, Ferraris y Bugattis cuestan diez centavos por docena. Pero no se trata solo de poseer los últimos y más caros autos; Se trata de destacar entre la multitud. Los entusiastas de los automóviles de Oriente Medio no escatiman en gastos cuando se trata de personalizar sus vehículos, desde kits de carrocería chapados en oro hasta interiores tachonados de diamantes.

La popularidad de las industrias de personalización de automóviles se ha disparado en Oriente Medio, con tiendas que ofrecen de todo, desde trabajos de pintura a medida hasta sistemas de sonido de última generación. La cultura del automóvil no es solo un pasatiempo; Es una forma de vida, con actividades sociales centradas en los automóviles. Desde exclusivos clubes de automóviles hasta lujosos encuentros de autos y mítines, el Medio Oriente es un patio de recreo para los entusiastas del automóvil que buscan satisfacer su pasión por el lujo y la velocidad.

Australia: Utes y superdeportivos V8

La cultura automovilística australiana tiene un sabor distinto, dominado por el amor por los vehículos utilitarios (utes) y la serie V8 Supercar. En esta sección se explica cómo estas preferencias reflejan las necesidades prácticas y el espíritu deportivo de los australianos, y cómo los festivales y carreras de coches locales refuerzan los lazos comunitarios y el orgullo nacional.

África: Durabilidad robusta e ingenio

En el país de Australia, la cultura del automóvil es tan diversa y accidentada como el propio Outback. Los australianos tienen una afinidad única por los vehículos utilitarios, conocidos cariñosamente como "utes", y el estruendoso rugido de los superdeportivos V8 que destrozan la pista de carreras.

Los utes son más que simples vehículos en Australia; Son una forma de vida. Originalmente diseñados como caballos de batalla para agricultores y comerciantes, los utes han evolucionado hasta convertirse en máquinas versátiles que encarnan el espíritu australiano de aventura y practicidad. Desde transportar herramientas en un lugar de trabajo hasta cargar equipo de campamento para una escapada de fin de semana, los utes son la opción preferida para los australianos que buscan confiabilidad y versatilidad.

Pero no todo es trabajo; A los australianos también les encanta jugar duro. La serie V8 Supercar es un testimonio de la pasión de Australia por el automovilismo, con máquinas de carreras de alto rendimiento que superan los límites de la velocidad y la resistencia. Con carreras llenas de adrenalina que se celebran en pistas icónicas como Mount Panorama, la Bathurst 1000 es la joya de la corona del automovilismo australiano, que atrae a aficionados de todo el país para presenciar la emoción y los derrames de las carreras de V8.

Los festivales y carreras de automóviles locales juegan un papel crucial en el refuerzo de los lazos comunitarios y el orgullo nacional. Desde el festival de autos Summernats en Canberra, donde los entusiastas se reúnen para celebrar todo lo relacionado con la automoción, hasta los eventos de carreras de base que se llevan a cabo en pequeñas ciudades de todo el país, la cultura automotriz une a los australianos en un amor compartido por los caballos de fuerza y los caballos de fuerza.

Tendencias emergentes y direcciones futuras

En los vastos y variados paisajes de África, la cultura del automóvil está moldeada por la necesidad de durabilidad e ingenio resistentes. Desde ciudades bulliciosas hasta aldeas remotas, los vehículos desempeñan un papel vital en la vida cotidiana, navegando por las difíciles condiciones de la carretera y sirviendo como salvavidas para las comunidades.

Los vehículos todoterreno reinan en África, donde el terreno accidentado y el clima impredecible exigen vehículos que puedan manejar cualquier cosa que la naturaleza les depare. Desde robustos 4x4 hasta ágiles buggies de dunas, los entusiastas de los automóviles africanos han dominado el arte de conquistar la naturaleza con estilo.

Pero no se trata solo de los vehículos en sí; se trata del ingenio y el ingenio de las comunidades africanas. Las innovaciones locales en reparaciones y modificaciones de automóviles son un testimonio de la resiliencia y la creatividad de la cultura automovilística africana. Desde reparaciones improvisadas con piezas recuperadas hasta modificaciones ingeniosas que mejoran el rendimiento y la funcionalidad, los entusiastas de los automóviles africanos son maestros en arreglárselas con lo que tienen.

A pesar de los desafíos a los que se enfrentan, los entusiastas africanos de los automóviles abrazan su pasión por los automóviles con entusiasmo, encontrando alegría en la libertad de la carretera abierta y la camaradería de entusiastas de ideas afines. Ya sea navegando por la sabana o navegando por las bulliciosas calles de la ciudad, la cultura del automóvil en África es una celebración de la resiliencia, el ingenio y el espíritu inquebrantable de la aventura.

Conclusión: La continua evolución de la cultura del automóvil

A medida que las ruedas del progreso continúan girando, la cultura del automóvil sigue siendo un tapiz vibrante tejido con los hilos de los valores sociales, la dinámica económica y la innovación tecnológica. Desde las calles de Tokio hasta las autopistas de Los Ángeles, la historia de amor entre la humanidad y los automóviles perdura, evolucionando con cada kilómetro que pasa.

La cultura del automóvil es más que una pasión; Es un espejo que refleja los valores y aspiraciones de la sociedad. Ya sea por las líneas elegantes de un automóvil deportivo que simbolizan la velocidad y el estatus, o por el exterior resistente de un vehículo todoterreno que encarna la resistencia y la aventura, los automóviles siempre han sido más que simples medios de transporte. Son símbolos de libertad, expresión e individualidad.

Pero la cultura del automóvil no es estática; Está en constante evolución, impulsada por los intercambios culturales y los avances tecnológicos que dan forma a la forma en que interactuamos con los vehículos. A medida que las fronteras se difuminan y las ideas fluyen libremente a través de los continentes, la cultura del automóvil se convierte en un crisol de influencias, mezclando tradiciones y tendencias de todo el mundo.

Los avances tecnológicos desempeñan un papel fundamental en la configuración del futuro de la cultura del automóvil, desde el auge de los vehículos eléctricos hasta la integración de la inteligencia artificial y las tecnologías de automóviles conectados. A medida que los automóviles se vuelven más inteligentes, seguros y sostenibles, la cultura del automóvil se adapta, adoptando nuevas posibilidades y ampliando los límites de la innovación.

Sin embargo, en medio de todos los cambios, una cosa permanece constante: la pasión que une a los entusiastas de todos los rincones del mundo. Ya sea el rugido de los motores en una pista de carreras o el tranquilo zumbido de los motores eléctricos en una calle de la ciudad, el amor por los automóviles trasciende fronteras, idiomas y culturas, forjando conexiones que abarcan generaciones.

A medida que miramos hacia el horizonte, el futuro de la cultura del automóvil es tan emocionante como siempre, lleno de infinitas posibilidades e innumerables aventuras. Desde las bulliciosas calles de los mercados emergentes hasta los laboratorios de investigación de vanguardia de Silicon Valley, la cultura del automóvil continúa evolucionando, impulsada por la búsqueda eterna de la libertad, la expresión y la carretera abierta.

Capítulo 15: Mirando hacia el futuro: el futuro de la tecnología automotriz

Introducción: Las innovaciones dan forma al futuro

La industria automotriz se encuentra en la cúspide de una era transformadora, impulsada por una ola de innovaciones que prometen redefinir la forma en que percibimos e interactuamos con los vehículos. Este capítulo sirve como un portal a este panorama dinámico, ofreciendo una visión de las tecnologías de vanguardia y las tendencias emergentes que darán forma a los automóviles del mañana.

Desde la electrificación hasta la conducción autónoma, estas innovaciones abarcan todo el espectro de la evolución del automóvil, tocando todos los aspectos del diseño, la funcionalidad y el impacto ambiental del vehículo. A medida que nos embarcamos en este viaje de exploración, nos adentramos en los reinos de las posibilidades, donde la imaginación se encuentra con la destreza de la ingeniería para crear un futuro en el que los automóviles son más que simples máquinas: son símbolos de progreso e ingenio.

Electrificación de la flota

Las ruedas del progreso están girando hacia un futuro más verde a medida que la industria automotriz experimenta un cambio sísmico hacia la electrificación. Esta sección ilumina el camino a seguir, trazando los avances en la tecnología de baterías que están impulsando la revolución eléctrica. Con innovaciones como las baterías de estado sólido que prometen superar las limitaciones de la ansiedad por la autonomía y los tiempos de carga, los vehículos eléctricos están preparados para convertirse en la nueva norma en nuestras carreteras.

Pero el viaje de la electrificación se extiende más allá de los propios vehículos; Abarca la infraestructura que los soporta. Desde estaciones de carga universales hasta soluciones innovadoras como la carga inalámbrica, el panorama de la movilidad eléctrica está evolucionando rápidamente, allanando el camino para un mundo en el que el transporte sostenible no es solo un sueño, sino una realidad.

Vehículos autónomos y conectados

A medida que las líneas entre la ciencia ficción y la realidad se difuminan, la era de la conducción autónoma se acerca, prometiendo un futuro en el que los accidentes son una reliquia del pasado y el tráfico fluye sin problemas. Esta sección explora las complejidades de la tecnología de conducción autónoma, desde los últimos avances hasta los obstáculos regulatorios que deben superarse.

Pero la autonomía no consiste solo en renunciar al control del volante; Se trata de forjar conexiones más profundas entre los vehículos, la infraestructura y el mundo que los rodea. A través de la integración de dispositivos IoT y servicios conectados, los automóviles se convierten en algo más que simples modos de transporte: se convierten en centros de conectividad, marcando el comienzo de una nueva era de movilidad en la que los datos son los reyes y la comodidad reina.

Inteligencia Artificial y Machine Learning

En el panorama en constante evolución de la innovación automotriz, la inteligencia artificial (IA) y el aprendizaje automático emergen como fuerzas transformadoras, remodelando todo, desde el diseño del vehículo hasta la experiencia de conducción en sí. Esta sección profundiza en las profundidades del impacto de la IA en la industria automotriz, explorando cómo los algoritmos inteligentes y los conocimientos basados en datos están revolucionando la seguridad, el mantenimiento y la interacción del usuario de los vehículos.

Desde la fase de diseño hasta la línea de montaje, los procesos impulsados por IA optimizan la eficiencia y la precisión, lo que permite a los fabricantes superar los límites de la creatividad y el rendimiento. Pero el verdadero poder de la IA radica en su capacidad de adaptación y aprendizaje, transformando los vehículos en compañeros intuitivos que anticipan y responden a las necesidades de los conductores.

A medida que la tecnología de conducción autónoma madura, los algoritmos de aprendizaje automático se convierten en los guardianes silenciosos de la seguridad vial, analizando grandes cantidades de datos para predecir y prevenir accidentes antes de que ocurran. Mientras tanto, detrás de escena, los sistemas de mantenimiento impulsados por IA monitorean el estado del vehículo en tiempo real, identificando problemas antes de que se intensifiquen y asegurando el máximo rendimiento con un tiempo de inactividad mínimo.

Pero quizás lo más intrigante es el papel de la IA en la mejora de la experiencia del usuario, integrándose a la perfección con los sistemas inteligentes de infoentretenimiento para ofrecer entretenimiento, navegación y asistencia personalizados. A medida que los automóviles evolucionan de meros medios de transporte a extensiones de nuestras vidas digitales, la IA emerge como la fuerza impulsora detrás de una nueva era de innovación automotriz.

Materiales sostenibles y avanzados

En una era definida por la conciencia ambiental, la industria automotriz está adoptando un cambio de paradigma hacia la sostenibilidad, impulsado por la adopción de materiales avanzados que prometen revolucionar la fabricación de vehículos. Esta sección revela el arsenal de materiales sostenibles y avanzados preparados para remodelar el futuro de la movilidad, desde la fibra de carbono ligera hasta los bioplásticos ecológicos.

A la vanguardia de este movimiento se encuentran materiales ligeros como la fibra de carbono y los compuestos avanzados, aclamados por su incomparable relación resistencia-peso y su capacidad para mejorar la eficiencia del combustible y el rendimiento. A medida que los fabricantes de automóviles compiten por eliminar el exceso de peso y reducir las emisiones, estos materiales de vanguardia emergen como aliados indispensables en la búsqueda de la sostenibilidad sin sacrificios.

Pero la búsqueda de la innovación ecológica se extiende más allá del rendimiento para abarcar la esencia misma de la sostenibilidad: materiales que minimizan el impacto ambiental desde la cuna hasta la tumba. Entran en escena los bioplásticos y los materiales reciclados, aclamados por su capacidad para cerrar el ciclo del consumo de recursos y residuos, convirtiendo los plásticos de ayer en los componentes de automoción del mañana.

A medida que la industria automotriz adopta un futuro más verde, los materiales sostenibles y avanzados se erigen como faros de innovación, guiando el camino hacia un mundo en el que la movilidad no solo sea eficiente y estimulante, sino también responsable con el medio ambiente.

Comunicación Vehicle-to-Everything (V2X)

En la búsqueda incesante de soluciones de movilidad más seguras e inteligentes, la comunicación del vehículo a todo (V2X) surge como un cambio de juego, prometiendo revolucionar la seguridad vial y la gestión del tráfico tal como la conocemos. Esta sección se sumerge en el potencial transformador de la tecnología V2X, explorando cómo permite que los vehículos se comuniquen no solo entre sí, sino también con la infraestructura circundante, allanando el camino para un ecosistema de conducción más conectado y colaborativo.

En esencia, la comunicación V2X tiene la clave para desbloquear una gran cantidad de beneficios, desde la detección proactiva de peligros y la prevención de colisiones hasta la optimización del flujo de tráfico y la mejora de la respuesta a emergencias. Al compartir datos en tiempo real sobre la velocidad, la ubicación y la trayectoria del vehículo, los vehículos pueden anticipar y reaccionar ante peligros potenciales con una precisión vertiginosa, lo que reduce drásticamente el riesgo de accidentes y congestión.

Pero el impacto de V2X se extiende mucho más allá de los vehículos individuales, abarcando paisajes urbanos enteros transformados en centros de movilidad inteligentes e interconectados. Con la tecnología V2X perfectamente integrada en los marcos de las ciudades inteligentes, las señales de tráfico, las señales de tráfico y la infraestructura comunican información vital a los vehículos, orquestando una sinfonía de movimiento que maximiza la eficiencia y la seguridad para todos los usuarios de la carretera.

A medida que la industria automotriz adopta los albores de la comunicación V2X, el camino por delante rebosa de promesas y posibilidades, ofreciendo una visión de un futuro en el que los accidentes son raros, los atascos de tráfico son una reliquia del pasado y cada viaje es una experiencia fluida y sin estrés.

El impacto de las tendencias globales en el diseño automotriz

En el mundo caleidoscópico del diseño automotriz, las tendencias globales ejercen una profunda influencia, dando forma a la evolución estética, funcional y tecnológica de los vehículos de maneras tanto sutiles como profundas. Esta sección se embarca en un viaje a través de los paisajes cambiantes de la urbanización, la digitalización y la evolución de los comportamientos de los consumidores, explorando cómo estos cambios sísmicos están remodelando el tejido mismo del diseño automotriz.

A la vanguardia de esta revolución se encuentra la urbanización, ya que la población mundial gravita hacia metrópolis bulliciosas que exigen vehículos capaces de navegar por calles estrechas y espacios de estacionamiento limitados con gracia y eficiencia. En respuesta, los fabricantes de automóviles están reinventando las proporciones de los vehículos, optimizando los diseños e integrando características innovadoras como los paneles de control de realidad aumentada para mejorar la movilidad urbana sin compromiso.

Mientras tanto, la incesante marcha de la digitalización infunde a los vehículos un alma digital, transformándolos en centros interconectados de conectividad y comodidad. Desde sistemas avanzados de asistencia al conductor (ADAS) que aumentan la experiencia de conducción con características de seguridad de vanguardia hasta sistemas de infoentretenimiento inmersivos que difuminan la línea entre el automóvil y el centro de entretenimiento, las interfaces digitales redefinen la relación entre el conductor y la máquina en un mundo cada vez más interconectado.

Pero quizás lo más intrigante son las arenas movedizas del comportamiento del consumidor, ya que los compradores exigentes exigen vehículos que no solo reflejen sus valores, sino que también satisfagan sus necesidades y deseos en constante evolución. Desde los millennials preocupados por la sostenibilidad que buscan alternativas ecológicas hasta los expertos en tecnología de la generación Z que anhelan una conectividad sin interrupciones, los fabricantes de automóviles navegan por un panorama de diversos gustos y preferencias, esculpiendo vehículos que resuenan con las aspiraciones de una nueva generación.

A medida que la industria automotriz traza su curso a través de las turbulentas aguas del cambio global, una cosa queda clara: el impacto de las tendencias globales en el diseño automotriz es profundo y de gran alcance, convirtiendo los vehículos del mañana en faros de innovación, estilo y funcionalidad.

El futuro de los deportes de motor

Al mirar en la bola de cristal de los deportes de motor, uno vislumbra un futuro moldeado por el avance implacable de la tecnología y las mareas cambiantes del cambio social. Esta sección se aventura en el territorio inexplorado de los circuitos de carreras del mañana, explorando cómo las tecnologías en evolución y las tendencias emergentes redefinirán la esencia misma de los deportes de motor tal como los conocemos.

A la vanguardia de este nuevo mundo se encuentra el electrizante espectáculo de las series de carreras eléctricas, personificadas por el drama lleno de adrenalina de la Fórmula E. A medida que los vehículos eléctricos se convierten en el centro de atención, impulsados por los avances en la tecnología de baterías y un creciente apetito por alternativas sostenibles, el rugido de los motores de combustión cede el paso al zumbido de los motores eléctricos, marcando el comienzo de una nueva era de carreras limpias y ecológicas que cautiva al público de todo el mundo.

Sin embargo, los vientos de cambio no se detienen ahí, ya que en el horizonte se cierne el espectro de la autonomía, ya que los vehículos autónomos se hacen un hueco en la pista de carreras. En este nuevo mundo de ligas de carreras autónomas, los algoritmos reemplazan a la adrenalina y los chips de silicio suplantan la habilidad humana, desafiando las nociones tradicionales de velocidad, habilidad y espectáculo, al tiempo que superan los límites de lo que define a un piloto de carreras.

Pero en medio del torbellino de innovación y agitación, una cosa sigue siendo cierta: el espíritu de competencia arde tan brillante como siempre, impulsando los deportes de motor hacia un territorio inexplorado con cada giro del volante y cada ráfaga de aceleración. A medida que se desarrolla el futuro, una cosa está clara: el mundo del automovilismo se encuentra en la cúspide de una nueva edad de oro, donde la tecnología y la tradición chocan en una sinfonía de velocidad, espectáculo e innovación.

Conclusión: Navegando el camino por delante

A medida que la industria automotriz se precipita hacia un futuro incierto, una cosa está muy clara: el camino por delante está plagado de peligros y promesas. Este capítulo final hace un balance de los desafíos y oportunidades que se vislumbran en el horizonte, ofreciendo una hoja de ruta para navegar por el tumultuoso terreno del panorama automotriz del mañana.

En esencia, el futuro de la tecnología automotriz depende de la innovación y la adaptabilidad, ya que tanto los fabricantes de automóviles como los consumidores lidian con los cambios sísmicos que remodelan la industria. Desde la electrificación y la autonomía hasta la conectividad y la sostenibilidad, las fuerzas que impulsan el cambio son tan diversas como disruptivas y exigen una respuesta ágil de las partes interesadas de la industria en todo momento.

Sin embargo, en medio del torbellino del cambio, no hay que perder de vista las estrellas guía que iluminan el camino a seguir. Los marcos regulatorios y las consideraciones éticas se erigen como baluartes contra la corriente del progreso tecnológico, asegurando que la innovación se mantenga basada en los principios de seguridad, responsabilidad y sostenibilidad.

A medida que la industria automotriz traza su curso a través de las turbulentas aguas del mañana, una cosa sigue siendo segura: el viaje por delante será tan emocionante como incierto, lleno de giros y vueltas que desafían la sabiduría convencional y redefinen la esencia misma de la movilidad. Pero con la innovación como brújula y la adaptabilidad como ancla, estamos preparados para recorrer el camino que tenemos por delante con confianza, trazando un rumbo hacia un futuro más brillante y sostenible para todos.

Capítulo 16: Conclusión: El viaje de la maestría automotriz

Introducción: Reflexionando sobre el camino recorrido

En este capítulo final, nos embarcamos en un viaje de reflexión, trazando la notable evolución de la industria automotriz desde sus humildes comienzos hasta su estado actual de innovación sin precedentes. Aquí, nos detenemos a contemplar la interacción de la cultura, la tecnología y el ingenio humano que ha impulsado el automóvil, dando forma no solo a nuestros medios de transporte, sino también a nuestras sociedades e identidades.

Resumen de la evolución automotriz

Al mirar hacia atrás en el sinuoso camino que nos ha traído hasta el momento presente, recordamos los hitos transformadores que han marcado la historia de los automóviles. Desde la invención de la rueda hasta la llegada de los vehículos eléctricos y autónomos, cada capítulo de la evolución automotriz ha estado marcado por avances en diseño, seguridad, rendimiento y tecnología. Es a través de esta lente retrospectiva que obtenemos una apreciación más profunda de la búsqueda incesante del progreso que define a la industria automotriz.

Incrustada en el tejido de la evolución del automóvil se encuentra la profunda influencia de la demanda de los consumidores y las necesidades de la sociedad. Las fuerzas económicas, las tendencias culturales y los panoramas regulatorios han desempeñado un papel fundamental en la configuración de la trayectoria de los avances automotrices. Desde el aumento de los vehículos de bajo consumo de combustible en respuesta a las preocupaciones medioambientales hasta la integración de características de conectividad y autonomía de vanguardia impulsadas por las preferencias cambiantes de los consumidores, la industria automotriz es un reflejo dinámico de los deseos y demandas en constante evolución de la sociedad.

Convergencia tecnológica en el sector de la automoción

En el corazón de la innovación automotriz se encuentra la convergencia de campos tecnológicos dispares, anunciando una nueva era de vehículos más inteligentes, seguros y respetuosos con el medio ambiente. La tecnología de la información, la inteligencia artificial y la ciencia de los materiales han convergido para ampliar los límites de lo que es posible en el camino. Desde sistemas avanzados de asistencia al conductor impulsados por algoritmos de aprendizaje automático hasta materiales ligeros que mejoran la eficiencia del combustible y el rendimiento, el sector automotriz se encuentra a la vanguardia del progreso tecnológico.

Impacto global y desafíos futuros

Sin embargo, una gran innovación conlleva una gran responsabilidad. El impacto global de la industria automotriz repercute en los paisajes económicos, ambientales y culturales, dando forma al tejido mismo de nuestro mundo. A medida que nos enfrentamos al futuro, debemos enfrentarnos a desafíos formidables, desde el imperativo de la sostenibilidad hasta las implicaciones éticas de la conducción autónoma. La forma en que sorguemos estos desafíos definirá la trayectoria de la industria automotriz para las generaciones venideras.

Preparándose para un futuro transformador

A medida que nos encontramos al borde del precipicio de un futuro transformador, el imperativo de prepararse para lo que se avecina nunca ha sido más urgente. La educación, la formulación de políticas y el liderazgo de la industria deben converger para fomentar un entorno propicio para la innovación, al tiempo que se abordan las preocupaciones éticas y ambientales apremiantes. Solo a través de la acción colectiva y las estrategias con visión de futuro podemos trazar un rumbo hacia un futuro automotriz más brillante y sostenible.

La importancia perdurable de los automóviles

En medio del torbellino de los avances tecnológicos y los cambios sociales, una verdad permanece constante: la importancia perdurable de los automóviles en la experiencia humana. Más allá de su utilidad práctica como medios de transporte, los automóviles sirven como símbolos de libertad, estatus e innovación, piedras angulares de nuestra imaginación y aspiraciones colectivas. Al mirar hacia el futuro, no olvidemos la profunda resonancia emocional y cultural que los automóviles tienen en nuestras vidas.

Conclusión: el camino por delante

Para terminar, dirigimos nuestra mirada hacia el horizonte, contemplando las infinitas posibilidades que se encuentran en el camino por delante. El viaje de la maestría automotriz es una odisea continua, llena de giros y vueltas, desafíos y triunfos. A medida que especulamos sobre los posibles desarrollos de las próximas décadas, una cosa sigue siendo segura: la industria automotriz continuará redefiniendo nuestra relación con la movilidad, remodelando el tejido mismo de nuestro mundo de maneras tanto profundas como imprevistas. Abrazando esta incertidumbre con mentes abiertas y espíritus aventureros, emprendamos la siguiente etapa de nuestro viaje, impulsados por la búsqueda incesante del progreso y el espíritu ilimitado del ingenio humano.

Sobre el autor

Etienne Psaila, un autor consumado con más de dos décadas de experiencia, ha dominado el arte de tejer palabras a través de varios géneros. Su trayectoria en el mundo literario ha estado marcada por una diversa gama de publicaciones, demostrando no solo su versatilidad sino también su profundo conocimiento de diferentes paisajes temáticos. Sin embargo, es en el ámbito de la literatura automovilística donde Etienne combina realmente sus pasiones, mezclando a la perfección su entusiasmo por los coches con sus habilidades narrativas innatas.

Especializado en libros de automoción y motocicletas, Etienne da vida al mundo de los automóviles a través de su elocuente prosa y una serie de impresionantes fotografías en color de alta calidad. Sus obras son un tributo a la industria, capturando su evolución, avances tecnológicos y la belleza de los vehículos de una manera que es a la vez informativa y visualmente cautivadora.

Orgulloso ex alumno de la Universidad de Malta, la formación académica de Etienne sienta una base sólida para su meticulosa investigación y precisión fáctica. Su educación no solo ha enriquecido su escritura, sino que también ha impulsado su carrera como maestro dedicado. En el aula, al igual que en sus escritos, Etienne se esfuerza por inspirar, informar y encender la pasión por el aprendizaje.

Como profesor, Etienne aprovecha su experiencia en la escritura para atraer y educar, aportando el mismo nivel de dedicación y excelencia a sus alumnos que a sus lectores. Su doble papel como educador y autor lo coloca en una posición única para comprender y transmitir conceptos complejos con claridad y facilidad, ya sea en el aula o a través de las páginas de sus libros.

A través de sus obras literarias, Etienne Psaila sigue dejando una huella indeleble en el mundo de la literatura automovilística, cautivando tanto a los entusiastas de los coches como a los lectores con sus perspicaces perspectivas y sus convincentes narraciones. Se puede contactar con él personalmente en etipsaila@gmail.com

Printed in the USA
CPSIA information can be obtained
at www.ICGtesting.com
CBHW051920221024
16238CB00015B/809